Comprehensive Experiments of
Environmental Geochemistry

环境地球化学
综合实验

郑晓波　主　编
郑　芊　副主编

化学工业出版社
·北京·

内容简介

本书结合环境地球化学课程知识体系和国内外最新研究进展，针对实验基础知识与原理、大气地球化学、水地球化学、土壤地球化学、生物地球化学和环境健康分别设计了综合实验。实验内容注重解决实际环境问题和探索科学前沿问题，在环境介质方面涵盖了大气、水、沉积物、土壤样品的采集保存运输及制备；在环境污染物方面包括了重金属、挥发性有机物、水溶性有机物、持久性有机污染物、微塑料等；在研究方向上包括了环境污染物的监测、多圈层迁移循环、生物可利用性、生物富集与生物放大、环境污染物生态风险与健康风险、环境污染物人体暴露等内容。

本书可作为普通高等学校环境科学、环境工程、地球化学等相关专业课程的实验教材或工具书，也可供从事环境化学、农业环境科学、生态学、自然地理学、环境医学等相关专业的人员参考。

图书在版编目（CIP）数据

环境地球化学综合实验 / 郑晓波主编；郑芊副主编

. — 北京：化学工业出版社，2023.2

ISBN 978-7-122-42528-7

Ⅰ.①环⋯ Ⅱ.①郑⋯ ②郑⋯ Ⅲ.①环境地球化学-实验-教材 Ⅳ.①X142-33

中国版本图书馆 CIP 数据核字（2022）第 211586 号

责任编辑：董　琳　　　　　　　　　　　　装帧设计：韩　飞

责任校对：李　爽

出版发行：化学工业出版社（北京市东城区青年湖南街 13 号　邮政编码 100011）

印　　装：北京天宇星印刷厂

787mm×1092mm　1/16　印张 11¼　字数 235 千字　2023 年 4 月北京第 1 版第 1 次印刷

购书咨询：010-64518888　　　　　　　　　　售后服务：010-64518899

网　　　址：http://www.cip.com.cn

凡购买本书，如有缺损质量问题，本社销售中心负责调换。

定　　价：48.00 元

前　言

随着人类社会的快速发展，人类活动对地球环境带来了诸多深远影响，如环境污染物的地球化学过程和生态效应。在双碳战略和生态文明建设战略的背景下，我国的环境科学发展日新月异，环境地球化学学科也取得了很大进展。不管在教学还是科研工作中，环境地球化学都在自然学科体系中居于重要地位。

环境地球化学是环境科学与地球科学相结合而产生的一门边缘交叉学科。自 20 世纪 70 年代以来，环境地球化学取得了令人瞩目的研究进展，在解决人类所面临的环境生态问题中发挥着重要的作用。环境地球化学是研究人类赖以生存的地球表层环境中化学元素、微量无机和有机化合物的含量、存在形态、分布规律、形成机制、迁移转化机理、地球化学循环过程、生态效应及其与人类健康关系的学科。环境地球化学需要应用地球化学、分析化学、生态学、生命科学等多种学科的方法手段，实现对环境污染物迁移转化过程的研究。

目前全国具有环境类专业的高校基本都开设了环境地球化学课程或相关课程。部分院校的大气科学、地质学、土壤学、海洋科学专业也将环境地球化学作为选修课程，但各高校的环境地球化学课程只有理论课，极少有实验课，目前尚无任何环境地球化学实验教材出版。实验和实习课程往往由教师自编讲义或采用相似课程的教材，如环境监测实验、环境化学实验等。一方面，由于教师的学科背景不同、其他课程的实验教材内容与本课程存在差异，环境地球化学课程在实践方面仍存在短板；另一方面，环境地球化学是一门交叉学科，学科内容复杂、知识体系庞大、但又紧扣实际环境问题和科学前沿，对学生的知识基础和理解能力要求高，学习难度较大，需要有相应的实践内容来辅助学生对课程知识的掌握和理解，实现理论联系实际。因此，不管从教学的实际需要还是从人才培养的角度出发，都急需一本环境地球化学综合实验教材，以实现课程和人才培养体系的规范化、标准化。

本书结合环境地球化学课程知识体系和国内外最新研究进展，针对实验基础知识与原理、大气地球化学、水地球化学、土壤地球化学、生物地球化学和环境健康分别设计了综合实验。实验内容注重解决实际环境问题和探索科学前沿问题，在环境介质方面涵盖了大气、水、沉积物、土壤样品的采集保存运输及制备；在环境污染物方面包括了重金属、挥发性有机物、水溶性有机物、持久性有机污染物、微塑料等；在研究方向上包括了环境污染物的监测、多圈层迁移循环、生物可利用性、生物富集与生物放大、环境污染物生态风险与健康风险、环境污染物人体暴露等内容。本书注重理论联系实际，提高学生的学习积极性、主动性和趣味性，培养学生的创新思维能力、动手能力、科研能力和团队合作精神。

本书的特点如下。（1）注重对科学素养和科研思维的培养。环境监测和环境化学实验只训练具体实验技术和实验操作，主要偏重分析化学实验操作，但环境地球化学综合性强、处于科学研究前沿，本书结合实际野外环境、环境科学理论知识、化学和生命科学实验技术，对学生的科学素养和科研思维进行有效锻炼。（2）内容范围更广。环境地球化学是一门前沿交叉学科，涉及地质学、环境化学、生态学、环境医学等多学科内容，实践过程中也包括地质学和生态学的野外考察和实验设计、环境学科的实验技术和方法等。本书作为实验教材，是对环境地球化学复杂理论体系的重要补充部分和有效阐述，有助于学生对课程内容的理解和掌握，进而为学科发展提供新生力量。（3）结构体系合理。实验教材大多只有对实验过程的描述，学生只在实验室内反复训练实验操作。但实际科学研究和环境保护工作中，需要进行实地考察，针对研究地的实际气候地理人文环境做出判断，进而采集样品，选择合适的技术方法进行样品分析，解决实际环境问题。这一过程在本书中得到体现，书中针对水、土壤、大气、生物、人体等多个地球圈层或研究介质设计了不同的综合实验，既有简单的环境保护与检测类实验，也有科研类的复杂多界面迁移循环实验。实验体系全面、立体、综合性强。（4）兼顾实验训练与科学前沿。本书紧扣双碳理论、生态环境建设、新污染物治理等国家战略前沿方向，并提供了详细的实验设计和方法，例如水、沉积物、土壤、生物等多种介质，对应环境地球化学中食物链传输、污染物吸附解析、多圈层循环的内容。抗生素、多溴联苯醚、微塑料等新污染物研究既是目前的科学前沿，也是国家战略需求。

本书可作为普通高等学校环境科学、环境工程、地球化学等相关专业课程的实验教材或工具书，也可供从事环境化学、农业环境科学、生态学、自然地理学、环境医学等相关专业的人员参考。

限于编者水平和时间，书中疏漏和不妥之处在所难免，欢迎读者不吝指正。

编者
2022 年 8 月

目 录

第一章
实验室规章制度

第一节　实验准备

（1）实验前必须认真预习实验内容，明确每次实验的目的和要求，了解实验细节的原理、操作、注意事项。

（2）实验时应遵守纪律，禁止喧哗，认真完成实验操作，仔细观察，积极思考，如实详细地做好记录，实验完毕后及时整理数据，按时上交实验报告。

（3）实验台面、称量台、药品架、水槽等实验环境及各种实验仪器内外保持清洁整齐，仪器药品应放在固定的位置上。按规定定量取用试剂，注意节约。从瓶中取出药品后，不得将药品再倒回原瓶中，以免带入杂质。药品称完后立即盖好瓶盖放回药品架，严禁瓶盖及药勺混杂，切勿使药品洒落在天平和实验台面上，各种器皿不得丢弃在水池内。实验过程中打翻任何药品试剂及器皿时，应随即清理。

（4）爱护公共财物，小心使用仪器和实验设备。使用贵重精密仪器应严格遵守操作规程。不得将溶液粉末等洒在仪器内外和地面上。仪器发生故障应立即报告教师，未经许可不得自己随意检修。仪器若有损坏应及时登记补领，并按赔偿制度酌情赔偿。

（5）所有实验仪器、耗材、药品等均属实验室所有，不得携带出实验室。每组分配的仪器、耗材应进行清点和保管，课程结束后如数清点缴回。

（6）取用固体药品时切勿将其撒落在实验台面上。要节约水、电、煤气、酒精等，爱惜使用公共仪器设备，实验前后清理工作区域，保持环境清洁干燥。

（7）实验结束后，随时将所用仪器洗刷干净，并放回实验柜内。将实验台及药品架擦干，清理水槽，检查水、电、煤气是否关闭，关好门窗，以保持实验室的整洁与安全。

第二节　实验报告

实验报告的格式无统一规定，不同实验类型可有不同形式的报告格式。实验报告应简明扼要，书写工整，不得随意涂改，不能互相抄袭。

实验报告要用专用的实验报告纸，报告应包括题目、日期、实验目的、原理、主要仪器试剂、步骤（简单流程）、原始数据记录及分析结果的处理、问题讨论等内容。实验报告中的部分内容，如原理、表格、公式等要在预习中事先准备好，数据在实验步骤中及时记录。其他内容在试验完成后补齐。实验报告的要求及评分标准见表 1-1。

表 1-1　实验报告的要求及评分标准

序号	内容	要求	总分	得分
1	实验名称	正确无误	5	
2	报告内容	报告内容完整，重点突出，文字流畅、表格规范、照片和图片清楚等	40	
3	调查过程、测试分析和数据处理	实验过程中照片和数据记录完整，数据处理正确，评价标准选择合理、评价方法正确等	25	
4	报告排版	排版美观、顺序合理、图表按顺序编号	15	
5	实验心得	客观全面地总结实验过程中成功与失败的体会，原因分析，改进措施，以及相关建议等	15	
		总得分		

第三节　实验室安全

1. 实验室安全注意事项

（1）熟悉实验室环境，观察灭火器、消防栓、报警器、急救箱及安全出口等设施位置。

（2）实验过程中必须穿实验服，避免凉鞋、拖鞋等，部分实验需佩戴口罩和安全护目镜。

（3）严禁吸烟、饮水、进食、化妆、奔跑嬉戏。实验室冰箱不能用于储存食品饮料。实验桌上不能堆放书包、书籍、衣服等杂物。严格管理易燃易爆品，需两人同时去药品试剂安全柜领用。易燃液体不得接近明火和电炉。凡产生烟雾、有害气体和刺激性气味的实验均应在通风条件下进行。

（4）使用药品试剂前应看清标签和注意事项，注意是否会对人体造成伤害，用后放回原位。了解危险化学药品的警告标志，危险化学药品和挥发性试剂相关操作需在通风橱中进行。

（5）发生任何意外事件应立即报告指导教师，并应熟知相关应变措施。

2. 化学试剂和药品相关安全知识

保存化学试剂要注意安全，应根据试剂的毒性、易燃性、腐蚀性、挥发性和潮解性确定试剂的保存方法。需要避光保存的试剂要外加一层黑纸储存于无光照的安全柜内。安全柜应有两人以上领取钥匙，同时打开并取用危险化学试剂。实验室常见安全标识见图 1-1。

图 1-1　实验室常见安全标识

（1）易爆品

受热、强烈摩擦、撞击或与氧化剂接触时，容易引起爆炸，搬运时要特别小心。

（2）强氧化剂

受热、撞击或混入还原性物质时，可能引起爆炸，存放这类物质时应避免和易燃易爆、还原性物质存放在一起，存放处要阴凉通风。

（3）易燃品

有些试剂燃点低，遇到高温、猛烈撞击或火源时容易着火，应注意阴凉通风，远离火源。

（4）剧毒品

采购管理要严格，配备保险柜专人负责。

（5）腐蚀性药品

此类药品要注意保存，避免外溢或撞击。

3. 实验室意外事故处理

环境化学实验中，着火、爆炸、中毒、触电和割伤的危险时刻存在，因此每一位在环境化学实验室工作的学生和工作人员既要了解所用化学药品的危险性，也要掌握相关的防范措施和丰富实用的防护救治知识，一旦发生意外能够正确地进行处理，及时阻止或控制有害物品的扩散，以防事故进一步扩大。

（1）着火

环境化学实验室经常使用大量的有机溶剂，如甲醇、乙醇、丙酮、氯仿等，而实验室又经常使用电炉、酒精灯等火源，因此极易发生着火事故。乙醚、二硫化碳、丙酮和苯的闪点都很低，因此不得存于可能会产生电火花的普通冰箱内。低闪点液体的蒸气只需接触红热物体的表面便会着火。

实验室中一旦发生火灾，切不可惊慌失措，应保持镇静，根据具体情况正确地进行灭火或立即拨打火警电话119。容器中的易燃物着火时，用灭火毯盖灭。乙醇、丙酮等可溶于水的有机溶剂着火时可用水灭火。汽油、乙醚、甲苯等有机溶剂着火时不能用水，只能用灭火毯和砂土盖灭。导线、电器和仪器着火时不能用水和二氧化碳灭火器灭火，应先切断电源，然后用灭火器灭火。个人衣服着火时，切勿慌张奔跑，以免风助火势，应迅速脱衣，用水龙头浇水灭火，火势过大时可就地卧倒打滚压灭火焰。

（2）爆炸

实验室防止爆炸事故是极为重要的，因为爆炸的毁坏力极大，后果将十分严重。加热时会发生爆炸的混合物有：有机化合物＋氧化铜、浓硫酸＋高锰酸钾、三氯甲烷＋丙酮等。

（3）中毒

实验室常见的化学致癌物有石棉、砷化物、铬酸盐、溴乙啶等。剧毒物有氰化物、砷化物、乙腈、甲醇、氯化氢、汞的不同形态等。如果意外通过手口接触、呼吸、皮肤接触摄入有毒化学品后应立即前往医院。

（4）外伤

眼内若溅入任何化学品，应立即用大量水冲洗15min，不可用稀酸或稀碱冲洗。若有玻璃碎片进入眼内则十分危险，必须小心谨慎，不可自取碎片或转动眼球，可任其流泪。若碎片嵌入不出，则用纱布轻轻包住眼睛急送医院处理。若有木屑、尘粒等异物进入，可由他人翻开眼睑，用消毒棉签轻轻取出或任其流泪，待异物排出后再滴几滴鱼肝油。

酸灼伤后应先用大量水洗，再用稀碳酸氢钠或稀氨水浸洗，最后再用水洗。碱灼伤应先用大量水冲洗，再用1％硼酸或2％醋酸浸洗，最后再用水洗。溴灼伤后应立即用20％硫代硫酸钠冲洗，再用大量水冲洗，包上消毒纱布后就医。使用火焰、蒸气、红热的玻璃和金属时易发生烫伤，烫伤后应立即用大量水冲洗和浸泡，若起水泡不可挑破，包上纱布后就医，轻度烫伤可涂抹鱼肝油和烫伤膏等。割伤后应立即进行消毒和包扎。实验室急救药箱应常备医用酒精、创可贴、烫伤油膏、鱼肝油、1％硼酸溶液或2％醋酸溶液、1％碳酸氢钠溶液、20％硫代硫酸钠溶液、医用镊子和剪刀、纱布、药棉、棉签、绷带等。

第二章
实验基础知识与原理

第一节 环境污染物简介

环境污染物是指进入环境后使环境介质的正常组成和性质发生变化，直接或间接有害生物体生存或造成自然生态环境衰退的物质，是环境地球化学研究的主要对象。大部分环境污染物来自人类的生产和生活活动，部分污染物如重金属、多环芳烃也存在自然来源。环境污染物的生态风险和毒性取决于污染水平和实际环境生态过程。

环境污染伴随人类历史一直存在，考古学研究发现，古罗马遗址中存在大量铅元素，古罗马人对铅的开采和使用是人类历史上早期的环境污染事件。我国古代的丹药炼制过程中，也使用了大量的铅、汞、砷等重金属类矿物。近代工业革命和化学合成产业的发展导致了大量的人造化学品进入环境。全世界已有的化学品多达 700 万种，其中已作为商品上市的有 10 万余种，经常使用的有 7 万多种，每年全世界新出现化学品有 1000 多种。化学品带来的生态和人体健康风险也早有报道，例如美国 DDTs 等农药的使用导致白头海雕蛋壳变薄，鸟类种群随之下降。人造化学品还会导致鱼类、两栖类、爬行类、哺乳类的生长发育障碍。

追溯环境污染物在生态系统中的行为和过程是了解环境污染物生态风险的前提。环境污染物在生物体中的吸收、传输、代谢、排泄过程和随食物链的迁移过程也是环境地球化学的研究重点。

环境污染物按污染类型可分为大气污染物、水体污染物、土壤污染物等；按污染物的形态分为气体污染物、液体污染物和固体污染物；按污染物的性质分为化学污染物、物理污染物和生物污染物。环境污染物也可以根据人类社会活动的不同功能、污染物的来源等进行分类。在实际研究中，会综合考虑污染物的物理化学性质和来源分为重金属（heavy metal）、有机重金属（organometal）、挥发性有机污染物（volatile organic compound，VOC）、半挥发性污染物（semi-volatile organic compound）、持久性有机污染物（persistent organic pollutants，POPs）、持久性有毒污染物（persistent toxic substances，PTSs）、药物及个人护理品（pharmaceutical and personal care products，PPCPs）等类别。在环境中广泛检出且具有生物毒性的环境污染物正在被环境管理部门监管和禁用。

持久性有机污染物是一类具有长期残留性、生物蓄积性、半挥发性以及高毒性，对环境和人类健康具有严重危害的污染物。由于POPs具有"三致"效应和遗传毒性，并且其危害具有隐蔽性和突发性等特点，污染的严重性和复杂性远超过常规污染物，在近几十年间一直都是环境领域研究的热点。2001年5月，在联合国环境规划署（United Nations Environment Programme，UNEP）主持的缔约方大会上，12种有机污染物被率先列入《关于持久性有机污染物的斯德哥尔摩公约》（简称《POPs公约》）受控名单，包括：艾氏剂、氯丹、滴滴涕、狄氏剂、异狄氏剂、七氯、灭蚁灵、毒杀酚、六氯苯、多氯联苯、二噁英和苯并呋喃。自2001年之后，POPs名单一直在扩增中。2009年5月的第四届缔约方大会上，五种杀虫剂及其副产物（α-六六六、β-六六六、五氯苯、十氯酮、林丹）、三种阻燃剂（六溴联苯、商用五溴联苯醚、商用八溴联苯醚）以及全氟辛基磺酸及其盐类、全氟辛基磺酰氟等九类化合物被增列入《POPs公约》受控范围；2011年4月的第五届缔约方大会上又以全票通过了硫丹进入新增POPs名单的决议，而包括六溴环十二烷及短链氯化石蜡在内的五种化学品则在审查评估之列。2019年，十溴二苯醚、五氯苯酚及其盐类和酯类列入POPs名单。2020年，POPs名单新增全氟辛酸及其盐类等化合物。

1. 不同环境污染物类型

（1）重金属和有机重金属

重金属指密度大于 $4.5g/cm^3$ 的金属，包括金、银、铜、铁、汞、铅、镉等。重金属在人体中累积达到一定程度，会造成慢性中毒。砷元素的性质与重金属相似，因此也常被归入重金属。重金属有自然来源和人为来源两种。地壳中含有丰富的铅、铁、铜等元素，矿物的开采会导致深层地底的重金属元素进入地球化学循环。

有机重金属的性质特殊，既含有重金属元素，也具有有机基团，呈现出金属元素和有机物的综合性质。常见的有机重金属有烷基汞、有机锡化合物、有机铅化合物。其中研究最多的是甲基汞，无机汞在厌氧菌的作用下代谢为甲基汞，这一过程一般发生在水环境的沉积物中。有机锡化合物被用作催化剂、稳定剂（如二甲基锡、二辛基锡、四苯基锡）、农用杀虫剂、杀菌剂（如二丁基锡、三丁基锡、三苯基锡）及日常用品的涂料和防霉剂等。四乙基铅曾被广泛应用于汽油的防爆剂。有机重金属也具有金属的某些性质，同时亲脂性远高于重金属离子，因此能够进入生物体各组织，生物体内半衰期和毒性远高于重金属离子。例如甲基汞具有神经毒性，毒性效应远超其他价态的汞元素，是导致环境污染事件"水俣病"的原因。

（2）农药

农药的概念十分宽泛，包括所有农业上用于防治病虫害及调节植物生长的化学药剂。如杀虫剂、杀螨剂、杀鼠剂、杀线虫剂、杀软体动物剂、杀菌剂、除草剂、植物生长调节剂等。按照化学性质分类有有机氯、有机磷、氨基甲酸酯、拟除虫菊酯类、烟碱类、杂环类、有机重金属类等。其中有机氯、有机锡、有机砷农药绝大部分已被禁用。早在2001年《关于持久性有机污染物的斯德哥尔摩公约》的首批优先控制的12种

POPs中就包括了滴滴涕、艾氏剂、狄氏剂、异狄氏剂、七氯、氯丹、灭蚁灵、毒杀芬、六氯苯等9种有机氯农药。2009年5月,有机氯农药六六六(α-六六六,β-六六六和γ-六六六)又被加入《斯德哥尔摩公约》。2011年4月,《斯德哥尔摩公约》大会将硫丹列入第三批受控名单中。

滴滴涕(dichlorodiphenyltrichloroethane,DDT)即二苯三氯乙烷,是作用广泛、药效持久的一种有机氯杀虫剂的原型,在防治农业害虫与传播疟疾和斑疹伤寒的昆虫媒介中曾经起到过重要作用,也是环境中污染情况最严重的农药之一。DDT在大多数的环境下难以降解,工业上生产的DDT包含大约80%的p,p'-DDT和15%~20%的o,p'-DDT。DDT在好氧环境下可降解为DDE,厌氧环境下可降解为DDD,并进一步脱氯化氢,形成DDMU(图2-1)。与母体相比,DDT的降解产物具有相同或更大的稳定性。

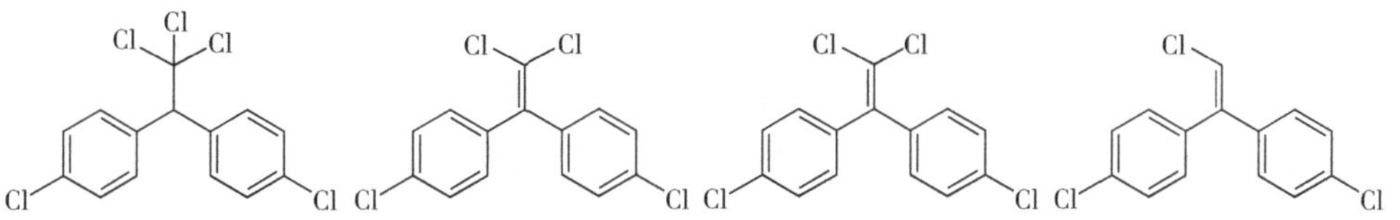

（a）DDT 　（b）DDE 　（c）DDD 　（d）DDMU

图 2-1　DDT及其降解产物分子结构

虽然我国使用DDT的时间相对较晚,但使用量较大,在20世纪50~80年代,DDT的产量和用量一直占我国农药总量的一半以上。截至1983年全面禁用DDT的30多年间,我国累计生产DDT 40多万吨,占世界生产总量的20%。此外,尽管DDT已在世界范围内被禁用,但由于非洲国家疟疾防治的需求,DDT在21世纪初被重新使用杀灭蚊虫,带来新的DDT污染源。因此,DDTs的历史大量使用和持久性导致环境中仍有大量DDTs的残留,DDTs污染仍需引起重视。

（3）工业添加剂

工业添加剂是一类能够分散在饲料、食品、塑料等工业产品中,不会严重影响产品的分子结构,而能改善其性质或降低成本的化学物质。添加剂能够改进基材的可加工性或者改变基材的物理、化学特性,从而达到各类制品的功能需求。饲料添加剂是指在饲料生产加工、使用过程中添加的少量或微量物质,在饲料中用量很少但作用显著。饲料添加剂是现代饲料工业必然使用的原料,对强化基础饲料营养价值,提高动物生产性能,保证动物健康,节省饲料成本,改善畜产品品质等方面有明显的效果。

食品添加剂是指为改善食品品质和色、香、味以及为防腐和加工工艺的需要而加入食品中的化学合成或天然物质。食品添加剂一般可以不是食物,也不一定有营养价值,但必须符合上述定义的概念,即不影响食品的营养价值,且具有防止食品腐料变质、增强食品感官性状或提高食品质量的作用。典型的饲料添加剂类污染物是有机砷,对家养禽畜具有抗菌和促生长功效,被添加到动物饲料中,有机砷随动物粪便进入土壤和水体，带来砷污染。部分环境污染物并非人类生产生活的原材料和必需品，而是生产生活中的副产物。例如燃料的不完全燃烧生成多环芳烃，含卤素的塑料燃烧后生成的二噁英。

目前大部分的有机污染物都属于塑料添加剂。不论是塑料聚合物原料还是塑料制品，需要满足的功能往往不止一种，所以一般会有多种添加剂进行混合，从而被加入不同的聚合物中来达到不同的塑料产品性能需求。塑料添加剂包括添加型和化学键合型两种。添加型化合物在塑料生产过程中与塑料基材进行混合成型，不存在添加剂和高分子间的化学反应。化学键合型添加剂与高分子间有化学键连接，因此在塑料中更稳定地存在。

大多数聚合物都含有易发生氧化降解反应的结构单体。热塑性聚合物通过链聚合如加聚或缩聚制成，在整个加工过程中，聚合物都会受到热和机械剪切的作用。塑料成品使用期限一般都在一年以上，并且它们的化学、物理和力学性能及外观特性在使用期间几乎不发生变化。然而，由于塑料制品在整个使用期间都伴随有氧气、热量、光照和水的存在，在这些条件下，聚合物的分子链便会发生氧化断裂、链分支或交联反应，从而影响塑料产品的使用寿命。除了氧化反应以外，加工过程还可能存在塑料的老化现象。另外，聚酯、聚酰胺和聚氨酯都可能发生水解而导致酯键的断裂，从而发生降解。因此，抗氧剂便被加入聚合物中，对聚合物进行结构改性，从而达到抑制或减慢聚合物氧化降解的目的。一般抗氧剂的添加量很小，在加工时最多只需要加入聚合物质量的 2%。

除了抗氧剂外，不同的共稳定剂（一般为酸接收体），如硬脂酸金属盐、氧化物、碳酸酯和乳酸酯也用于中和催化剂载体产生的酸性残渣，称为除酸剂。此外，光稳定剂用以抑制聚合物发生光氧化，干扰光诱发的物理和化学过程，最重要的几类紫外线（UV）稳定剂是 2-羟二苯甲酮、2-羟苯基苯并三唑有机镍化合物、受阻胺以及水杨酸酯肉桂酸酯衍生物、间苯二酚单苯甲酸酯等。热稳定剂用于控制在高温加工下热塑性 PVC 聚合物上发生的氯化氢消除反应，从而抑制聚合物降解。主要的热稳定剂有三大类：烷基锡稳定剂、混合金属稳定剂以及烷基亚磷酸酯稳定剂。有机磷酸酯类化合物除了用作阻燃剂外，还作为增塑剂用作高分子材料的加工助剂，广泛应用在家居建材，电子产品，纺织品以及绝缘材料中。增塑剂几乎位居塑料添加剂产量和消费的首位，其中以邻苯二甲酸酯类（80%）占主要地位。除此之外，工业上常用的塑料添加剂还有表面活性剂、偶联剂、荧光增白剂、着色剂、发泡剂、抗菌剂、抗静电剂、防黏剂和其他加工助剂等。塑料聚合物主要添加剂种类及功能见表 2-1。

表 2-1　塑料聚合物主要添加剂种类及功能

添加剂	化合物组成	功能
抗氧剂	胺类、酚类、亚磷酸酯类	抑制或减慢聚合物氧化降解速度
除酸剂	硬脂酸金属盐、氧化物、碳酸酯和乳酸酯	中和催化剂载体产生的酸性残渣

添加剂	化合物组成	功能
光稳定剂	2-羟二苯甲酮、2-羟苯基苯并三唑有机镍化合物、受阻胺（NALS）以及水杨酸酯肉桂酸酯衍生物、间苯二酚单苯甲酸酯	抑制聚合物发生光氧化，干扰光诱发的物理和化学过程
热稳定剂	烷基锡、混合金属、烷基亚磷酸酯	抑制或减慢聚合物在高温下降解
表面活性剂	全氟辛烷磺酸盐	改变聚合物表面特性，使通常不相容的物质得以乳化
偶联剂	天然矿物、金属氧化物、金属氢氧化物	通过共价键或一系列相对较短的化学键链接聚合物
荧光增白剂	二苯乙烯基联苯类、二苯并噁唑类、苯基香豆素类	改善或掩盖塑料的本色，增加有色制品的光泽度
着色剂	金属氧化物、偶氮类、萘酚	改变塑料颜色，使塑料呈现多种颜色
发泡剂	偶氮化合物、氨基脲、肼类衍生物、亚硝基化合物、碳酸盐	用于制造泡沫塑料，受热分解释放出发泡气体并在聚合物基质中形成泡沫结构
增塑剂	邻苯二甲酸酯类、脂肪族类、环氧类、苯三酸酯类	增加材料的柔韧性
抗菌剂	有机砷、五氯苯酚	杀死和抑制病毒，细菌或真菌的生长
抗静电剂	脂肪酸酯、乙氧化烷胺、二乙醇胺、乙氧化醇；烷基磺酸盐、烷基磷酸盐；季铵盐	降低材料的电阻
防黏剂	合成硅胶、天然二氧化硅、滑石、沸石、有机物	降低材料表面黏性，减小膜层之间的粘连力
加工助剂	含氟高聚物、硅树脂、双酚A	改善高分子量聚合物加工和处理性能，主要在高聚物基体的熔融状态发挥作用
润滑剂	脂肪醇及其二羧酸酯、脂肪酸、脂肪酸酰胺、褐煤酸及其酯和金属盐、石蜡、含氟高聚物	改善聚合物熔体流变性质
防雾剂	丙三醇酯、聚丙三醇酯、乙氧化醇、脱水山梨糖醇酯及其乙氧衍生物	防止成雾
阻燃剂	多溴联苯醚、有机磷酸酯、氯化石蜡、六溴环十二烷、十溴二苯乙烷、四溴双酚A	增加材料的防火性

2. 污染物的物理化学性质

重金属污染物的形态多变，常用的物理化学参数包括分子量、溶解度、溶度积等。有机化合物的物理化学参数包括分子量、蒸气压、溶解度、分配系数、半衰期。污染物的半致死量也常用于实际研究。其中最重要的分配系数是辛醇-水分配系数 K_{OW}、辛醇-气分配系数 K_{OA}、有机碳-水分配系数 K_{OC} 都是无单位的量纲。这些系数可以直接测量，也可通过化合物的蒸气压、水溶解度、辛醇溶解度估算。因为上述分配系数的数值较大，一般使用它们以 10 为底的对数值。因为辛醇的碳、氢、氧原子比例类似土壤和沉积物有机质、脂肪、植物蜡质，因此 K_{OW}、K_{OA}、K_{OC} 也常被用于估算生物-水、生物-空气、土壤/沉积物-水分配系数。

在环境污染物的生物富集研究文献中，常用到 K_{OW} 描述有机物的憎水性或亲脂性。大多数有机物在脂肪相中的溶解度差不多，近似无限互溶，但水溶解度差别很大。因此，有机化合物的不同憎水性主要由于不同化合物的水溶解度差异，而不是脂肪溶解度差异。憎水性比亲脂性更为合适。饱和蒸气压是化合物在气相中能达到的最大压力，是化合物的气相溶解度。对于预测挥发性有机污染物如短链烷烃的环境行为较为重要。

许多环境有机污染物具有多个同系物（homologue）或同族体（congener），是指结构相似、分子组成相差若干个 "CH₂" 原子团的有机化合物，一般出现在有机化学中，且必须是同一类物质。典型的例子如多环芳烃、多溴联苯、多氯联苯、多溴联苯醚。多溴联苯、多氯联苯、多溴联苯醚具有相似的化学结构，按照苯环上卤原子的取代位置和取代数量，命名为 1～209 号同系物（图 2-2）。

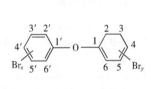

卤原子数	编号	卤原子数	编号
Mono-	1~3	Hexa-	128~169
Bi-	4~15	Hepta-	170~193
Tri-	16~39	Octa-	194~205
Tetra-	40~81	Nona-	206~208
Penta-	82~127	Deca-	209

图 2-2　多溴联苯醚的取代位置及命名法

同分异构体指分子式相同、结构不同的化合物，也称为结构异构体。将具有相同分子式而具有不同结构的现象称为同分异构现象。具有烷烃类基团的有机化合物大多有多种同分异构体，如德克隆、六溴环十二烷、氯化石蜡。德克隆的同分异构体分为顺式（syn-）和反式（anti-）。氯化石蜡的碳链长，同分异构体众多。同系物和同分异构体都指代不同的有机化合物，因此也具有不同的物理化学参数（表 2-2）。

表2-2 常见有机污染物的名称及物理化学参数

中文名	英文全称	英文缩写	物质数字识别号码 (CAS)	分子量	水溶解度 /(mg/L)	蒸气压 /(Pa, 25℃)	亨利常数 /[atm/(m³·mol)]	$\lg K_{ow}$
三氯甲烷	Trichloromethane		67-66-3	119	2.10×10^3	2.51×10^4	3.67×10^{-3}	1.52
双对氯苯基三氯乙烷	Dichlorodiphenyltrichloroethane	DDT	50-29-3	354	7.31×10^{-3}	9.96×10^{-4}	8.32×10^{-6}	6.79
六氯环已烷	Hexachlorocyclohexane	HCH	6108-10-7	291	4.04	6.74×10^{-2}	5.14×10^{-6}	4.26
吡虫啉	Imidacloprid		105827-78-9	256	610	2.25×10^{-4}	1.65×10^{-15}	0.56
对硫磷	Parathion		56-38-2	291	3.01	4.45×10^{-3}	2.98×10^{-7}	3.73
邻苯二甲酸二（2-乙基己）酯	Bis (2-ethylhexyl) phthalate	DEHP	117-81-7	390	1.13×10^{-3}	2.7×10^{-3}	2.70×10^{-7}	8.39
邻苯二甲酸二丁酯	Dibutyl phthalate	DBP	84-74-2	278	2.35	3.03×10^{-2}	1.81×10^{-6}	4.61
全氟辛烷磺酸	Perfluorooctane sulphonate	PFOS	1763-23-1	500	0.10	0.85	4.05×10^{-2}	4.49
全氟辛酸	Perfluoro octanoic acid	PFOA	335-67-1	414	0.48	19.3	0.16	4.81
双酚 A	Bisphenol A	BPA	80-05-7	228	170	3.03×10^{-5}	9.16×10^{-12}	3.64
诺氟沙星	Norfloxacin		70458-96-7	319	1.78×10^5	1.11×10^{-9}	8.70×10^{-19}	-0.31
十溴联苯醚	Decabromodiphenyl ether	BDE 209	1163-19-5	959	2.84×10^{-11}	6.23×10^{-10}	1.19×10^{-8}	12.1
十溴二苯乙烷	Decabromodiphenyl ethane	DBDPE	84852-53-9	971	1.16×10^{-12}	2.54×10^{-11}	6.42×10^{-8}	13.6
磷酸三（2-氯乙基）酯	Tris (2-chloroethyl) phosphate	TCEP	115-96-8	286	7.00×10^3	1.10×10^{-4}	3.30×10^{-6}	1.63
磷酸三苯酯	Triphenyl phosphate	TPHP	115-86-6	326	1.90	1.20×10^{-6}	3.30×10^{-6}	4.70
苯并 [a] 芘	Benzoapyrene	BaP	50-32-8	252	1.62×10^{-3}	1.31×10^{-7}	8.10×10^{-7}	6.11

注：物理化学参数来自 EPI Suite 软件。1atm＝101325Pa。

手性是化合物的本质属性之一，手性分子之间互为镜像关系而不能完全重合，其中使平面偏振光右旋的对映体被称为右旋的（＋）对映体或旋光异构体，使平面偏振光左旋的对映体被称为左旋的（－）对映体或旋光异构体。一对手性分子的化学式完全相同，具有相同的熔沸点、折光率、溶解度等物理性质，与非手性化合物反应时也具有相同的化学性质。多种有机氯农药、多氯联苯（PCB）、六溴环十二烷（HBCD）都具有手性。其中，对映异构体使平面偏振光向右旋的称为右旋的对映体或旋光异构体，用符号（＋）表示；使平面偏振光向左旋的称为左旋的对映体或旋光异构体，用符号（－）表示。手性化合物的手性组成一般用对映体分数（EF）表示，其计算公式为：

$$EF = \frac{A（+）}{A（+）＋A（-）} \qquad (2-1)$$

式中　EF——对映体分数；

　A（＋）——右旋（＋）对映体的峰面积；

　A（－）——左旋（－）对映体的峰面积。

当 EF＝0.5 时，表明手性单体为外消体；当 EF＜0.5 时，表示生物体倾向于代谢转化（＋）对映体；当 EF＞0.5 时，表示生物体倾向于代谢转化（－）对映体。

以多氯联苯为例，在 209 种 PCBs 单体中，有 19 种 PCBs 单体具有手性特征。工业品中的 PCBs 为外消旋混合物，即（＋）和（－）旋光体含量相同，被排入环境后其手性特征并不随挥发、沉降和光降解等过程而改变，只有生物过程才可能具有对映体选择性，导致旋光体的构成发生变化。PCBs 工业品中，手性 PCBs 的两种（＋）和（－）旋光体含量相同，为外消旋混合物。手性异构体的化学式完全相同，具有相同的物理化学性质，被排入环境后其手性特征并不随物理迁移、挥发、溶解、沉降和化学降解等理化过程而改变，只有生物富集和代谢等生物过程才可能具有手性选择性，改变手性对映异构体的组成。因此，PCBs 的手性组成可以作为"分子印迹"示踪解析 PCBs 迁移转化的来源以及生物降解、代谢等环境行为。HBCD 理论上存在 16 种立体异构体，其中包括 6 对对映异构体及 4 个轴对称的异构体，温度在 160℃以上时会发生异构体间的相互转化。环境中最常见的是 3 对对映异构体 [（±）α-，β-，γ-HB-CD]（图 2-3）。

由于三种异构体空间结构上的差异性，导致三种异构体的物理化学性质（如极性、偶极矩、水溶性）有一定程度的区别，从而导致三种异构体的环境行为存在显著差别。HBCD 工业品中 γ-HBCD 为主要成分，所占百分含量约为 75％～89％；α-HBCD 和 β-HBCD 含量较低，分别占约 10％～13％和 1％～12％。以上三种主要立体异构体都是外消旋的（EF＝0.5）。

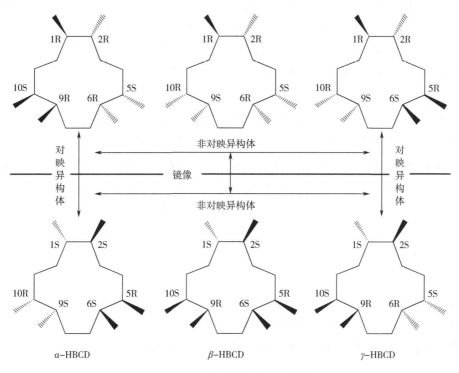

图 2-3　六溴环十二烷的对映异构体

第二节　样品前处理技术

1. 重金属测试预处理

（1）湿式消解法

金属化合物的测定多采用湿式消解法，目的是破坏所有有机物，溶解悬浮性固体颗粒，将各种价态的待测元素氧化成单一高价态或转变成易于分离的无机化合物。同时消解还能够浓缩样品。消解液应该清澈、透明、无沉淀。常见的消解法有硝酸消解法、硝酸-高氯酸消解法、硝酸-硫酸消解法、硫酸-磷酸消解法、硫酸-高锰酸钾消解法等。为提高消解效果，在某些情况下需要采用三元以上酸或氧化剂消解体系。通过多种酸的配合使用，克服一元酸或二元酸消解所起不到的作用，尤其是在众多元素均要求测定的复杂介质体系中。碱分解法适用于按照上述酸消解法会造成某些元素的挥发或损失的环境样品。碱分解法一般使用氢氧化钠和过氧化氢溶液，或者氨水和过氧化氢溶液体系进行消解。

（2）干灰化法

干灰化法又称高温分解法，多用于固态品如沉积物和土壤样品的消解。若用于水样消解，应先将样品放入白瓷或石英蒸发皿中，在水浴或红外线灯下蒸干，移入马弗炉内，于450～550℃灼烧至残渣呈灰白色，使有机物完全灰化。取出蒸发皿，冷却，用适量2%硝酸或盐酸溶解样品灰分，过滤，滤液定容后供测定。本方法不适用于处理测定易挥发组分（如砷、汞、镉、锡、硒等）。

（3）紫外光消解

紫外光消解时一种将紫外光辐射和氧化剂结合使用的方法。在紫外光的激发下，氧化剂光分解产生氧化能力更强的游离基，从而可以氧化许多单用氧化剂无法分解的难降解有机污染物。紫外光和氧化剂的共同作用，使得光催化氧化无论在氧化能力还是反应速率上，都远远超过单独使用紫外辐射或氧化剂所能达到的效果。其特点是氧化在常温常压下就可进行，不产生二次污染，能使多数不能或难于降解的有机污染物完全消解，且省时、节能，设备简单。

2．有机污染物测试预处理

（1）萃取

很多有机污染物在强酸、强碱、强氧化性条件下不稳定，易发生降解。因此需采用对样品破坏性较小的萃取方法提取样品中的有机污染物。常用的萃取方法包括液液萃取、索氏抽提、固相萃取、超临界流体萃取、微波萃取、固相微萃取、加速溶剂萃取等（表2-3）。

表2-3　不同样品萃取方法的比较

项目	萃取时间/h	溶剂用量/mL	萃取效率	其他
液液萃取	0.5～4	20～100	中	接触有机溶剂
固相萃取	0.2～0.5	2～10	较高	单次成本高
索氏提取	10～24	50～250	高	设备简单
压力流体萃取	0.1～0.4	5～50	高	设备较贵
微波辅助萃取	0.1～0.3	5～25	高	设备较贵，不易控制
超声辅助萃取	0.2～0.5	10～50	中	不易控制

（2）净化方法

样品净化方法包括破坏性方法和非破坏性方法。最常用的方法是使用浓硫酸去除杂质，浓硫酸具有强氧化性和脱水性，可以有效去除灰尘、土壤、沉积物等环境介质中的腐殖质和有机物，生物样品中的糖分、脂肪、蛋白质等，但也会降解含氧元素和化学性质不稳定的污染物，如有机磷酸酯、酚类等。非破坏性的净化方法一般为色谱法，常用的方法有凝胶渗透色谱和硅胶色谱。色谱法利用的是物质在不同两相中具有不同分配系数。当两相做相对运动时，这些物质在两相中的分配反复进行多次，使得分配系数只有微小差异的组分能产生明显的分离效果，达到分离不同组分的目的。凝胶渗透色谱可以区分不同分子量的有机物，分子量越小的化合物在凝胶渗透色谱中的流出路径越长，流出时间也相应增加，因此样品中的有机物会在凝胶渗透色谱中按照分子量由大到小先后流出。硅胶、氧化铝、佛罗里硅土等用作柱层析色谱的填料，主要通过吸附作用去除样品中的杂质，只收集流出的目标化合物（图 2-4）。

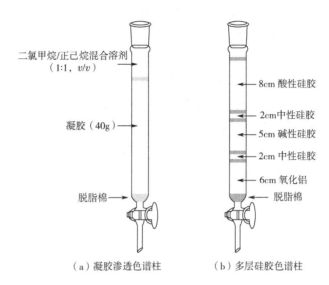

图 2-4　复合色谱柱示意图

硅胶和氧化铝还能够通过酸碱进行改性，增强除杂能力。在设计实验前，需要充分考虑目标化合物的物理化学性质、柱层析填料的化学性质、柱层析填料的用量等因素。

复合柱色谱基本操作如下。

① 柱料填装。装柱质量决定柱层析能否获得好的分离效果，是保证分析精密度和分析重现性的核心因素。一般要求层析柱装的要均匀，无分层，柱中无气泡等，否则需要重新装柱。基本步骤如下：关闭层析柱下端旋塞，装入 1/3 柱高的溶剂，并将处理好的填料缓慢地注入柱中，打开下端旋塞，控制合理流速，使柱填料均匀沉降，并不断加入填料。不能干柱、分层，否则必须重新装柱，最后使填料表面平坦并在表面上留有 2～3cm 高的装柱溶剂，同时关闭下端旋塞。

② 层析柱平衡。层析柱装好以后，要用所需的装柱溶剂平衡层析柱。也就是用装柱溶剂冲洗层析柱几次，体积一般为 3～5 倍柱填料体积，以保证平衡后柱填料体积稳定及填料充分平衡。合格的层析柱基本判据是：在分离过程中，色带均匀下降。

③ 层析柱上样。加样时应缓慢小心地将样品溶液加到柱填料表面，尽量避免冲击填料，以保证填料表面平坦。加样量的多少直接影响分离的效果。一般要求加样量尽量少些，这样可获得较好的分离效果。对于分析性柱层析，一般不超过填料体积的 1%。最大加样量必须在具体条件下通过多次实验后才能决定。这些参数同样需要根据实际情况调整。

④ 层析柱洗脱。洗脱方式可分为简单洗脱、分布洗脱和梯度洗脱三种。

简单洗脱指层析柱湿重用同一种溶剂洗脱直至层析分离过程结果。分布洗脱指用洗脱能力递增次序排列的几种洗脱液，进行逐级洗脱。分布洗脱主要在混合物组成简单、各组成性质差异较大时适用。每次用一种洗脱液将其中一种组分快速洗脱下来。梯度洗脱是当混合物中组分复杂且性质差异较小时，一般采用梯度洗脱。梯度洗脱的洗脱能力是逐步连续增加的，梯度可以指浓度、极性、离子强度或 pH 值等。在环境有机污染物分析过程中最常用的是极性梯度。

（3）固相萃取

固相萃取（solid phase extraction，SPE）是从 20 世纪 80 年代中期开始发展起来的一项样品前处理技术，由液固萃取和液相色谱技术相结合发展而来。主要用于样品的分离、净化和富集。主要目的在于降低样品基质干扰，提高检测灵敏度。SPE 技术基于液-固相色谱理论，采用选择性吸附、选择性洗脱的方式对样品进行富集、分离、净化，包括液相和固相的物理萃取过程。固相萃取方法按照柱层析原理分为反相色谱、正相色谱、离子交换色谱（图 2-5）。

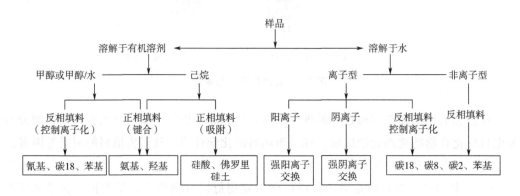

图 2-5　固相萃取色谱分离原理

具体色谱介绍如下。

① 反相色谱使用非极性固定相。常见的固定相填料包括烷基或芳香基键合的硅胶（C18、C8、C4 和 Phenyl 等）。纯硅胶（一般孔径为 6nm，粒径约 45μm 的颗粒）表面的亲水性硅醇基通过硅烷化反应，键合上疏水性的烷基或芳香基。使用极性-非极性溶剂流动相梯度分离样品基质中的目标化合物。分析物通常是弱极性到非极性。分离原理是化合物间的疏水性相互作用力，包括非极性-非极性相互作用、范德华力或色散力。由于分析物中的碳氢键同硅胶表面官能团的范德华力，使得极性保存溶液中的有机分析物能保留在 SPE 填料上。为了从反相 SPE 小柱或膜片上洗脱被吸附的化合物，一般采用非极性溶剂去破坏这种化合物被填料吸附的作用。

② 正相色谱使用极性固定相。常见的固定相填料包括极性官能团键合的硅胶（如 CN、NH₂ 和 Diol）和极性吸附填料（如 Si、Florisil 和 Alumina）（非极性溶剂、极性键合相）。使用非极性溶剂流动相分离样品基质中的目标化合物。分析物通常是中等极性到弱极性。分离原理是化合物之间的极性-极性相互作用、氢键、π-π 相互作用、偶极-偶极相互作用、偶极-诱导偶极相互作用等。在正相条件下，分析物的保留取决于分析物的极性官能团与吸附剂表面极性官能团之间的相互作用，包括氢键，π-π 相互作

用，偶极-偶极相互作用和偶极-诱导偶极相互作用及其他。因此，在正相条件下被吸附的分析物，洗脱溶剂选用比样品极性更大的溶剂去破坏其相互作用。

③ 离子交换色谱使用可电离固定相。在离子交换色谱中，带有电荷的化合物靠静电吸引到带电荷的吸附剂表面（化合物与未键合填料的相互作用），疏水性相互作用或者亲水性相互作用，取决于填料。离子交换固相萃取适用于在溶液中带电荷的化合物（通常为水溶液，有时也为有机溶液）。阴离子（负电荷）化合物可用强阴性（strong anion exchange，SAX）和弱阴性离子交换柱（weak anion exchange，WAX）分离，阳离子（正电荷）化合物可用强阳性（strong cation exchange，SCX）和弱阳性（weak cation exchange，WCX）离子交换柱小柱分离。

基本作用原理是静电吸引，即化合物上的带电基团与硅胶键合相的带电基团之间的静电吸引。通过离子交换从水溶液中保留化合物，样品体系的 pH 值必须保证使其分析物的官能团和硅胶键合相的官能团均带电荷。如果某种杂质带有与分析物一样的电荷，将会干扰分析物的吸附，当然这种情况是很少的。一定 pH 值的洗脱溶液用于中和分析物官能团上所带电荷，或者中和硅胶键合相官能团所带电荷，当其中一方官能团上的电荷被中和，静电吸引也就被破坏了，分析物随之洗脱。此外，洗脱溶液含有较高离子强度或者含有一种能取代被吸附化合物的离子，同样可以洗脱分析物。

强阴离子交换柱填料是硅胶表面键合了脂肪族季铵基团，是一种强碱（$pK_a>14$），表现为一个正电荷的阳离子，能交换或吸附溶液中的阴离子，因此被称为强阴离子交换剂，用于分离强阴离子化合物（$pK_a<1$）或弱阴离子化合物（$pK_a>2$）。对于阴离子分析物（酸性），样品体系的 pH 值必须比分析物的 pK_a 大 2 个单位以上。

强阳离子交换柱填料含有一个脂肪族磺酸基键合在硅胶表面上，磺酸基有很强的酸性（$pK_a<1$），它能吸附或者交换接触溶液的阳离子，因此称为强阳离子交换剂，用于分离强阳离子（$pK_a>14$）或弱阳离子（$pK_a<12$）化合物。对于所分析的阳离子（碱性）化合物，样品体系的 pH 值要比目标物 pK_a 小 2 个单位以上。

固相萃取步骤包括活化、平衡、淋洗、洗脱。

① 活化。加入合适的溶剂使吸附剂上的官能团展开，并除去吸附剂上可能存在的干扰物，对于反相吸附剂常常用中等极性溶剂（比如甲醇），正相吸附剂常常用弱极性或非极性溶剂（比如正己烷）。

② 平衡。除去活化溶剂为上样创造适宜的溶剂环境，所用溶剂通常与样品溶液的溶剂一致。对于离子交换柱，如果样品是碱性化合物平衡液中往往需要加入酸，如果样品为酸性化合物平衡液中往往需要加入碱。当样品溶液通过吸附剂，吸附剂与某些化合物的作用力超过后者与溶剂的作用力时，这些化合物就会被吸附剂固定。

③ 淋洗。上样后，部分干扰物与目标化合物同时被保留，需要加入合适的溶液以最大可能地除去干扰物而不影响目标化合物的保留，通常情况下用上样时的样品溶剂淋洗不会影响回收率，但洗脱强度较大的溶剂能最大限度地去除干扰物，选择淋洗液时需要在回收和净化效果间找到平衡点。

④ 洗脱。让洗脱能力较强的溶剂通过吸附剂，打断吸附剂与被保留的化合物之间的作用力，使这些化合物随溶剂从吸附剂中流出。通常情况下，能刚好洗脱目标化合物的洗脱溶剂是最佳选择，此时洗掉的干扰物最少，选择洗脱液时也需要在回收率和净化效果间找到平衡点。

（4）固相微萃取

固相微萃取（solid-phase microextraction，SPME）操作简单、携带方便、操作费用也很低廉，克服了固相萃取回收率低、吸附剂孔道易堵塞的缺点，因此成为目前试样预处理中应用最为广泛的方法之一。SPME 已开始应用于分析水、土壤、空气等环境样品的分析。以熔融石英光导纤维或其他材料为基体支持物，采取"相似相溶"的特点，在其表面涂渍不同性质的高分子固定相薄层，通过直接或顶空方式，对待测物进行提取、富集、进样和解析。然后将富集了待测物的纤维直接转移到气相色谱或液相色谱仪器中，通过一定的方式解吸附（一般是热解吸或溶剂解吸），然后进行分离分析。

固相微萃取法（SPME）的原理与固相萃取不同，固相微萃取不是将待测物全部萃取出来，其原理是建立在待测物在固定相和水相之间达成的平衡分配基础上。因待测物总量在萃取前后不变，可得：

$$C_0 V_2 = C_1 V_1 + C_2 V_2 \tag{2-2}$$

式中　C_0——待测物在样品中的原始浓度；

C_1，C_2——分别为待测物达到平衡后在固定相和样品中的浓度；

V_1，V_2——分别为固定相液膜和样品的体积。

固相微萃取装置类似微量注射器，由手柄和萃取头（纤维头）两部分组成。萃取头是一根长约 1cm、涂有不同固定相涂层的熔融石英纤维，石英纤维一端连接不锈钢内芯，外套细的不锈钢针管（以保护石英纤维不被折断）。手柄用于安装和固定萃取头，通过手柄的推动，萃取头可以伸出不锈钢管。SPME 方法通过萃取头上的固定相涂层对样品中的待测物进行萃取和预富集。

SPME 操作包括以下 3 个步骤。

① 有固定相的萃取头插入样品或位于样品上方。

② 待测物在固定相涂层与样品间进行分配直至平衡。

③ 将萃取头插入分析仪器的进样口，通过一定的方式解析后进行分离分析。

直接法适合于气体基质或干净的水基质，顶空法适合于任何基质，尤其是直接SPME 无法处理的脏水、油脂、污泥、土壤等。膜保护法通过一个选择性的高分子材料膜将试样与萃取头分离，以实现间接萃取，膜的作用是保护萃取头使其不被基质污染，同时提高萃取的选择性。此外还有衍生化法、冷 SPME 法等方法。

衍生化：减小酚、脂肪酸等极性化合物可以通过衍生化处理形成弱极性化合物，提高挥发性，增强被固定相吸附的能力。

固相微萃取技术的关键是掌握目标化合物在样品介质和萃取头间的分配系数。分配系数受到多种因素影响。

① 萃取温度。升高温度会促进挥发性化合物到达顶空及萃取纤维表面，然而 SPME 表面吸附过程一般为放热反应，低温适合于反应进行。

② 萃取时间。不同的待测物达到动态平衡的时间长短，取决于物质的传递速率和待测物本身的性质、萃取纤维的种类等因素。挥发性强的化合物在较短时间内即可达到分配平衡，而挥发性弱的待测物质则需要相对较长的平衡时间。

③ 搅拌强度。增加传质速率，提高吸附萃取速度，缩短达到平衡的时间。常用的搅拌方式包括磁力搅拌、高速匀浆、超声波。采取超声振动比电磁搅拌达到平衡的时间大大缩短。

④ 盐析手段（加 NaCl 或 Na_2SO_4）。可提高本体溶液的离子强度，使极性有机待萃物（非离子）在吸附涂层中的 K 值增加，提高萃取灵敏度。

⑤ 溶液 pH 值。对不同酸离解常数的有机弱酸碱选择性萃取。溶液酸度应该使待萃物呈非聚合单分子游离态，使涂层与本体溶液争夺待萃物的平衡过程极大地偏向吸附涂层。

（5）玻璃器皿的洗涤与干燥

① 玻璃器皿的洗涤。洗涤要求：环境监测实验中使用的玻璃器皿应洁净透明，其内外壁能被水均匀润湿且不挂水珠。烧杯、量筒、锥形瓶、量杯等先用毛刷蘸去污粉或合成洗涤剂刷洗，再用自来水洗净，最后用蒸馏水润洗 3～5 次；滴定管、移液管、吸量管、容量瓶等有精确刻度的玻璃器皿用 0.2%～0.5% 的合成洗涤液或铬酸洗液浸泡几分钟，用自来水洗净，最后用去离子水洗净。

常用洗涤剂包括铬酸洗液、合成洗涤剂、稀盐酸、NaOH-$KMnO_4$、乙醇-稀盐酸、NaOH-乙醇溶液（去有机物效果较好）等。铬酸洗液的配置方法为将 10g $K_2Cr_2O_7$ 加入 20mL 水中，加热搅拌溶解，冷却后慢慢加入 200mL 浓硫酸，储存于玻璃瓶中，具有强酸性、强氧化性，对有机物、油污等的去污能力特别强。使用过程中洗液为暗红色时有效，变为绿色时表明已失效。

② 玻璃器皿的干燥。不同的实验操作对容器是否干燥及干燥程度有不同要求。有的可以是湿的，有的要求是干燥的，有的要求完全无水，因此应根据具体的实验内容来干燥仪器。已洗净的玻璃仪器不能用布或纸擦，因为布或纸的纤维会留在容器壁上污染仪器。常用的干燥方法有以下几种。

a. 风干。把洗干净的仪器倒置在干净的架子或柜内，任其在空气中自然晾干，容量仪器、加热烘干会炸裂的仪器以及不急需使用的仪器都可采用此法。

b. 烘干。将仪器放在金属托盘上置于烘箱中，控制温度在 105～120℃ 之间烘干，将洗干净的仪器尽量倒尽残余水分后放入烘箱内，一起扣朝下但不能用于精密度高的容量仪器烘干。托盘的作用是承接从仪器上滴下的水，以免滴水损坏烘箱电热丝。已烘干的玻璃仪器一般在空气中冷却。

c. 吹干。急需使用干燥的玻璃仪器但不便于烘干时，可使用电吹风快速吹干。如果玻璃仪器水分较多，应先用丙酮、乙醇、乙醚等有机溶剂冲洗，然后用冷风吹 1～

2min，待大部分溶剂蒸发后，再用热风吹，待仪器逐渐冷却至室温。一些不宜高温烘烤的玻璃仪器如移液管、滴定管均可用电吹风法快速干燥。

d. 高温烘烤。在 500℃灼烧不仅有干燥作用，还能烧去仪器上不易洗到的残余污垢，除去部分难挥发的持久性有机污染物。陶瓷制品和石英制品适用于此方法干燥。带有刻度的计量仪器只能晾干或用有机溶剂吹干，加热会影响仪器的精度。

第三节　实验室常用仪器

环境地球化学的研究对象是多组分、多介质的复杂体系。化学污染物在环境中的含量很低，一般只有 μg/mL 或 μg/g 级水平，甚至 ng/mL 或 ng/g 水平，且具有不同形态，又容易发生不同形态的迁移转化。为获得化学污染物在环境中的污染水平，常需要精确又灵敏的环境监测手段，对于结构不明的有机污染物，需用到结构分析仪器（如红外光谱仪、质谱仪、核磁共振等），对于污染物在环境介质中的相平衡或反应动力学机理研究常需要高灵敏度的同位素示踪技术。传统分析化学只测定样品中待测元素的总量，但是不同元素的生物可利用性、生物富集能力、生物毒性与污染物的赋存形态和化学形态密切相关。

1. 无机组分仪器分析

环境样品中分析的无机组分包括金属元素和其他离子。有毒有害金属元素的分析是环境监测的重点内容之一。金属元素泛指元素周期表中的碱金属、碱土金属、过渡金属元素等和类金属元素如砷、硅、磷等，通常采用原子光谱法和原子质谱法分析。除了原子光谱法和原子质谱法，也可采用离子色谱法定量分析无机离子，包括金属阳离子、NH_4^+、Cl^-、Br^-、NO_3^-、SO_4^{2-} 等，可采用离子色谱法进行定量分析。

金属元素及其化合物的毒性大小与其元素种类、理化性质、浓度及存在的形态和价态密切相关。因此确定元素的种类、总量和形态是金属元素分析的主要目的。金属元素仪器分析技术包括原子光谱法和原子质谱法。原子光谱法由于技术成熟、成本较低，是最常用的金属元素定量仪器分析方法。原子光谱法的原理是原子核外电子在基态和激发态之间迁移时引起能量变化从而导致光谱变化，根据原子光谱的特征谱线及其强度可以对金属元素进行定性定量分析。原子光谱包括原子吸收光谱（atomic adsorption spectrometry，AAS）、原子发射光谱（atomic emission spectrometry，AES）、原子荧光光谱（atomic florescence spectrometry，AFS）等。原子质谱法（atomic mass spectrometry，AMS）利用元素在等离子体中形成的一价阳离子质荷比及强度来对金属元素进行定性定量分析。

各种仪器分析方法在金属元素定量分析中各有优势。从测量的元素范围来看，AES和 AMS 适用分析的元素范围较广，可用于分析元素周期表中绝大部分金属元素及部分类金属元素。从分析灵敏度来看，AFS 对于分析波长小于 300nm 的元素有更低的检测限，AMS 对大多数元素都有较低的检出限，从标准曲线的动态范围看，AAS 通常小于 2 个数量级，AFS 为 4～5 个数量级，AES 和 AMS 范围更宽。AAS、AFS 和 AMS 仪器设备相对简单，易于操作，AAS 和 AFS 运行成本较低，AES 和 AMS 运行成本较高。特别是 AMS 在超净间运行时，运行成本会更高。环境样品的分析中，需根据样品性质及监测目的选择合适的仪器分析方法实现元素含量及形态的定性定量分析。其中最常用的是电感耦合等离子体质谱（ICP-MS），具有高灵敏度、高选择性、多元素检测能力、线性范围宽、同位素比值测定等优势。ICP-MS 分析同样受到质谱干扰、基质效应等影响。

2. 有机组分仪器分析

有机污染物种类繁多，还有同分异构体、手性异构体等结构形式，一般以微量或痕量存在于环境中，有机污染物分析需保证样品的完整和代表性、不发生样品污染和目标物损失。常需要采用适当的前处理方法分离目标物和基质。有机污染物一般按照沸点大小分为易挥发性有机物、中等挥发性有机物、半挥发性有机物和不挥发性有机物，根据污染物的物理化学特性选择气相色谱-质谱或液相色谱-质谱，以及合适的检测器进行定性定量分析。

按照有机污染物的蒸气压可分为挥发性有机物（volatile organic compounds，VOCs）和半挥发性有机物（semi-volatile organic compounds，SVOCs）。挥发性有机物在大气中有较高的蒸气压，主要以气态形式存在于环境空气中，按照化合物种类可分为烷烃类、烯烃类、苯系物、卤代烃类、醛类、酮类、醇类、酸类、酯类、有机胺和有机硫类化合物等。应用最广泛的仪器是气相色谱-质谱联用和液相色谱-质谱联用。

（1）气相色谱-质谱联用

样品经气化后，被载气代入色谱柱，由于样品中的不同组分在色谱柱的气相和固定液的液相间分配系数不同，当两相间相对运动时，这些物质也随流动相一起运动，并在两相间进行反复多次的分配（即表现为吸附与脱附、溶解与解析过程）。由于固定液对各组分的吸附或溶解力不同（即保留时间不同），各组分在固定相和流动相之间不断地反复分配。由于不同的组分在两相中的分配系数有差异，虽然载气流速相同，各组分在色谱柱中的运行速度却不同，经过一定时间的流动后，便彼此分离，按顺序离开色谱柱进入检测器，产生的信号经放大后，在记录器上描绘出各组分的色谱峰。根据出峰位置和保留时间，确定组分的名称，根据峰面积确定浓度大小。这就是气相色谱仪的工作原理。

质谱原理是以某种方式使有机分子电离，碎裂，然后按离子的质荷比（m/z）大小把生成的各种离子分离，检测它们的强度，并将其排列成谱，这种研究方法叫做质谱法，简称质谱（mass spectrometry，MS）。离子源的作用是将被分析的样品分子电离成带电的离子，并使这些离子在离子光学系统的作用下，汇聚成有一定几何形状和一定能量的离子束，然后进入质量分析器被分离（图 2-6）。

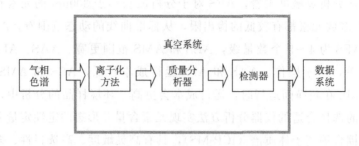

图 2-6　气相色谱-质谱结构示意

气相色谱的特点是分离能力强、灵敏度高、设备操作简便，但对于复杂混合物难以分析。质谱的特点是鉴别能力强、灵敏度高、适于作单一组分的定性分析，但难以分析多组分的复杂混合物。将色谱与质谱联用，通过色谱仪将复杂的混合物分离为单组分，质谱仪作为鉴定器对逐一输入的单组分进行定性分析。气质联用分析的样品需要为气体或液体，目标化合物可挥发且热稳定化合物，沸点一般不超过 500℃。气相色谱的溶剂一般为低级性的正己烷、氯仿等，溶剂应具有较低的沸点，从而使其容易与样品分离。通常样品的浓度为 ng/mL 级，高于 μg/mL 级浓度的样品会造成柱超载。

常用的气相色谱仪设备可分为以下部分。

① 气源系统。气源分载气和辅助气两种，载气是携带分析试样通过色谱柱，提供试样在柱内运行的动力，辅助气是供检测器燃烧或吹扫用。

② 进样系统。进样系统的作用是接受样品使之瞬间气化，将样品转移至色谱中。

③ 色谱系统。试样在柱内运行的同时被分离。色谱柱一般有填充柱和毛细柱两种。毛细柱一般为内径 0.05～0.53mm，长 10～50m 的熔融二氧化硅制成的色谱柱，其内壁均匀涂布了各种不同极性的固定相，一般用圆形框架绕成多圈，放入气相色谱柱箱中。

④ 检测系统。对柱后已被分离组分进行检测，检测器的作用是指示与测量载气流中已分离的各种组分，即检测器是测定流动相中组分的敏感器。

⑤ 数据采集及处理系统。采集并处理检测系统输入的信号，给出最后试样的定性和定量结果。

⑥ 温控系统。控制并显示进样系统、柱箱、检测器及辅助部分的温度。

常用的质谱仪包括四级杆质谱仪、飞行时间质谱仪、离子阱质谱仪等。电离系统的离子源使样品分子转化为离子。常用的离子源为电子电离源，还有化学电离源、场致电离源、快原子轰击源等。常用的质谱设备可分为以下部分。

① 离子源。常用的有质谱离子源为电子轰击（electron impact ionization，EI）和化学电离源（chemical ionization，CI）。电子轰击电离是应用最普遍、发展最成熟的电离方法，有标准谱库，EI 源稳定，操作方便，电子流强度可精密控制，电离效率高，所得的质谱图重现性好，可提供丰富的结构信息。有些化合物稳定性差，分子离子不出现或很弱，不能提供分子量的信息，因而也就得不到分子量。为了得到分子离子峰可以

采用 CI 电离方式。CI 是利用大量的反应气体，如甲烷、异丁烷、氨等与有机化合物样品的分子发生分子-离子反应而生成样品分子的离子，是一种"软"电离的方法，可以保证样品的分子离子峰出现。

② 质量分析器。将离子源产生的离子按其质荷比（m/z）的不同进行分离，得到按质荷比（m/z）排列而成的质谱图的装置。常用的有扇形磁场质量分析器、四级杆滤质器、飞行时间质量分析器、离子阱质量分析器。四级杆是四级杆质谱仪的核心，全称是四级杆质量分析器，由一组平行放置的四根金属棒构成，用陶瓷绝缘，交错地联结成两对，加以方向相反的直流和射频电压。只有符合四级杆电场要求的离子才能不被无限制地加速，从而通过四级杆分析器。不稳定振荡的离子打到四极杆上被中和，从而达到质量分离目的。质量分析器需处于真空环境，目的是维持质谱仪的高灵敏度。

③ 离子检测器。离子接收与放大及数据处理系统主要构成离子检测器，稳定振荡的离子通过射到倍增器上被放大记录，进行离子计数并转换成电压信号放大输出，输出的信号经处理后得到质谱图。

（2）液相色谱-质谱联用

多数具有一定极性的有机化合物适合液相色谱-质谱联用分析，如药物及其代谢产物、天然产物（生物碱、配糖物、苷、毒素、糖类、脂类、维生素等）、蛋白质、多肽、极性杀虫剂、除草剂、表面活性剂和染料。检测效果取决于化合物的离子化效率。化合物分子自身的极性，结构及其所含的功能基团等因素均会影响离子化情况。液相色谱结构见图 2-7。

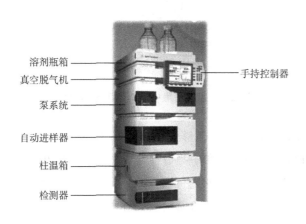

溶剂瓶箱
真空脱气机
泵系统
自动进样器
柱温箱
检测器
手持控制器

图 2-7 液相色谱结构

液相色谱按固定相和流动相的极性不同可分为正相色谱法和反相色谱法。正相色谱法采用极性固定相（如聚乙二醇、氨基与腈基键合相）；流动相为相对非极性的疏水性溶剂（烷烃类如正己烷、环己烷），常加入乙醇、异丙醇、四氢呋喃、三氯甲烷等以调节组分的保留时间。常用于分离中等极性和极性较强的化合物（如酚类、胺类、羰基类及氨基酸类等）。反相色谱法一般用非极性固定相（如 C18、C8）；流动相为水或缓冲液，常加入甲醇、乙腈、异丙醇、丙酮、四氢呋喃等与水互溶的有机溶剂以调节保留时间，适用于分离非极性和极性较弱的化合物。反相色谱法在现代液相色谱中应用最为广泛，据统计，占整个高效液相色谱（high performance liquid chromatography，HPLC）应用的 80％左右。

污染的溶剂或溶剂瓶里的藻类生长将会缩短溶剂过滤器的使用寿命，并且影响泵和系统的性能。这在水溶剂或磷酸盐缓冲液（pH＝4～7）中尤其如此。避免溶剂瓶暴露在直射阳光下。如果允许，可以考虑永远在水相中加入 5％或以上浓度的有机溶剂（甲醇、乙腈）。应该使用 HPLC 级的溶剂，不能互相混溶的溶剂不可以直接切换，一般使用异丙醇作为过渡溶剂。使用完后要采用适当的溶剂冲洗等方法维护色谱柱和系统。如果使用了缓冲盐一定先将盐要冲洗干净。仪器长期不用时，不建议使用纯乙腈封存，因为乙腈有生成聚合物的趋势。建议使用甲醇、甲醇/水或乙腈/水封存。避免使用可腐蚀钢的溶剂：碱金属卤化物及高浓度无机酸，如硝酸、硫酸。流动性溶剂中可能含有过氧化物的色谱纯醚（如四氢呋喃、二氧六环、二丙基乙醚），这些在使用前必须用干燥氧化铝过滤除去过氧化物。

液质联用常用的离子源包括电喷雾离子源（electron spray ionization，ESI）、大气压下化学电离源（atmospheric pressure chemical ionization，APCI）、大气压下光电离源（atmospheric pressure photospray ionization，APPI）（图 2-8）。

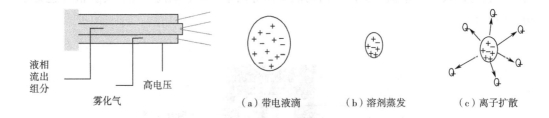

液相流出组分　雾化气　高电压　　（a）带电液滴　　（b）溶剂蒸发　　（c）离子扩散

图 2-8　液质联用中的离子源电离过程

ESI 源适于极性样品的分析，能够形成多电荷离子，扩展了所能检测的分子量范围。APCI 和 APPI 源适于弱极性和中等极性样品的分析，比热喷雾具有更好的稳定性。电离过程为流动相流出毛细管柱的瞬间在雾化气 N_2 的作用下雾化。在所加的高电压（<5kV）作用下，由极性样品生成的原始液滴在外加电场的作用下，含有的两种极性的离子中，其中一种占优势。带电液滴在电场作用下迅速移动，伴随大气压下溶剂的迅速蒸发，液滴体积缩小，而离子移向液滴表面，自身电场强度增大。当达到临界电场时，液滴表面电场排斥力大于维持液滴的表面张力，产生库仑爆炸，此过程反复进行，最终使样品离子解析出来，并在电场作用下被引入质谱检测器。质谱数据以正离子还是负离子模式采集，需考虑被测样品结构和特性等。由于 C—O、C—N、双键、三键及碱性化合物具有较强的质子亲和力，上述基团或化合物更倾向于形成正离子；含—COOH、

—F、—Cl、—HSO₃的偏酸性化合物由于具有较强的质子给予能力，更倾向于形成负离子；还有许多化合物既可形成正离子，也能生成负离子。

（3）质谱解析

① 总离子流图（total ion chromatogram，TIC）。总离子流图是色谱流出物的总离子流测定的色谱图，基本与气相色谱仪一致。在气质联用（gas chromatography mass spectrometry，GC-MS）分析过程中，随着时间的增加，载气携带着被毛细柱分离的各组分依次进入离子源，并被电离成具有不同质荷比的各种类型离子。同时质谱仪的分析器按设定的扫描速度和范围不断地进行重复扫描。每次扫描所采集到的离子强度及与之对应的时间数据叠加后即得到总离子流强度和扫描次数（即时间）的对应关系。若以横坐标为时间，纵坐标为离子流强度作图即得到样品的总离子流图。

② 离子色谱图。质谱图只反映某一质量离子的存在和大小。离子色谱图根据某些化合物的特征离子，可以初步判断某些化合物的存在与分布，同时可区分某些在色谱中无法分离的化合物。例如具有相同特征离子或分子离子的某一类化合物或同系物，或具有相似或相同保留时间但不同质荷比的特征离子或分子离子的化合物叠合在一个色谱峰内，可用不同质荷比的离子色谱图将其分离。因而可利用分子离子峰或特征离子峰的质谱图峰高或峰面积计算结果。

③ 质谱图。质谱图是化合物的质谱数据经过处理后形成的棒状图，每个离子峰在图中为一条竖线，表现为反映质荷比由小到大排列及其强度的直接坐标图。其归一化有两种方法，一是所有离子流强度之和为100；二是以基峰离子（离子流强度最强的峰）为100，其他离子按比例计算。质谱图是鉴定化合物组成和结构最基本、最重要的资料。几个重要的质谱离子峰有分子离子峰、基峰和碎片离子峰。

分子离子峰指分子受到电子轰击失去一个电子而形成的正离子为分子离子或母体离子，以 M⁺ 表示，一般位于质荷比最高的位置，其质荷比也一般为该化合物的分子量。分子离子峰的强度与化合物的结构有关。如果分子结构稳定，则分子离子峰强度相对较大，如多环芳烃。若易裂解的化合物质谱中分子离子峰很弱，则碎片离子峰强度大，如饱和烷烃。Cl 和 Br 等元素的同位素组成有规律，在质谱分析中能够较容易地识别含 Cl 和含 Br 基团。Cl 同位素³⁵Cl 和³⁷Cl 在自然界的丰度比是 3∶1。Br 同位素⁷⁹Cl 和⁸¹Cl 在自然界的丰度比是 1∶1。因此在含 Br 基团的质谱峰中，有中心高两端低的分布特征。

基峰是峰值最高、对应离子浓度最大的峰。将该峰值定为100，其他离子的峰与基峰相比所得的百分数为相对丰度。

碎片离子峰指各类化合物的分子离子裂解成不同的碎片，具有一定的规律性，取决于化合物的结合键强度等。化合物分子具有其特征碎片峰，不同分子在受到电子轰击后不会产生完全一致的离子碎片。因此质谱可以成为化合物结构鉴定的指纹。

第四节　实验数据处理

1. 质量保证与质量控制

（1）防止交叉污染

采样过程中所使用的采样器具、实验室前处理使用的试剂耗材等必须及时清洗，不能在不同样品之间混用，以防止样品间的交叉污染。在每次采样和室内前处理前，都应该清洗采样工具和实验器材，尽可能去除前一样品对采样器的污染残留。新样品采集还应该用样品润洗采样器几次。

（2）空白样品

空白样品包括野外采样空白、实验流程空白和仪器测试空白。为了了解样品从野外采集、运输、实验室储存过程中可能存在的目标化合物污染，野外样品采集过程中需要同时准备野外空白样品。基本原则是准备与采集样品等量的无污染样品，使之经历与所采集样品完全一致的过程直至运回实验室。通过分析野外空白样品，可以明确整个采样过程是否存在野外污染。如果野外污染确实存在，则需用野外空白测定结果予以校正，以保证野外观测的有效性和代表性。如河流水样的采集可带与样品等体积的蒸馏水，土壤样品和生物样品的采集可带无水硫酸钠粉末，经历采样到运回实验室的整个过程，作为野外空白。其他样品采集过程与之类似。实验流程空白介质与野外采样介质类似，即分析与样品等量的无污染样品，实验前处理流程与采集样品完全一致。仪器测试空白分析一般将空白溶剂随样品混合编列进样。

空白实验所得到的响应值称为空白实验值。空白实验值不一定反映方法的准确度，但其值的大小及重现性全面反映了环境监测实验室及其分析人员的水平及方法误差。当样品中待测物质与空白值处于同一数量级时，空白值的大小及其波动性对样品中待测物质分析的准确度影响很大，直接关系到测定下限的可信程度。对于环境样品中痕量及超痕量污染物的分析来说，确定方法的空白值对分析结果至关重要。通常空白值越低，波动越小越好。若空白值偏大，应分析原因，改进实验条件、实验方法或重新准备实验试剂。影响空白值的因素有：实验用水的质量、试剂的纯度、器皿的清洁程度、计量仪器的性能、环境条件及操作人员的分析水平等。此外，将样品分析结果扣除空白实验值可以消除实验条件对分析结果的影响，使测量值更接近于真实值。

（3）采样及实验记录

记录是采样和实验过程非常重要的环节，原始记录可以为数据分析和归纳总结提供帮助，同时也为实验结果的异常现象提供可能解释。一般在采样过程中需记录采样地点、时间、当天温度、风向风力、样品编号、周边环境特征、当天特殊情况和采样人员等。不同样品的记录内容有变化，如采集水样需要记录水流速度、盐度、水温、酸碱度和水体上下游两岸是否存在影响目标物环境水平的潜在因素等，大气采样则需关注采样高度、周边建筑或山体对空气流速及方向的影响、周边人口数量和工农业布局等，土壤和沉积物样品采样记录大致类似，但也需要同时记录采样点降雨情况、地表径流、周边产业布局和人口密度等。在实验前处理和仪器分析过程中除了记录必需数据如样品类型、编号、质量，也要记录实验日期和时间、实验材料和仪器详细信息、前处理和仪器分析过程中的实验操作失误、实验异常现象。实验结果、表格、图表等可记录或订在实验记录本中。

2. 定性与定量分析

如果所研究的目标化合物无合适标准品，或实验目的是非靶向分析时，会采用定性分析方法，一般见于探索性实验。定量分析包括相对定量和绝对定量方法。相对定量指使用归一化方法计算各组分的百分含量：

$$C_i = \frac{A_i f_i}{\sum (A_i f_i)} \times 100\% \tag{2-3}$$

式中　C_i——某烃组分的质量分数；

　　　A_i——某烃组分的峰面积值；

　　　f_i——某烃组分的质量校正因子。

若各组分的质量校正因子接近 1，公式可简化为：

$$C_i = \frac{A_i}{\sum A_i} \times 100\% \tag{2-4}$$

绝对定量方法有外标法和内标法。外标法利用峰面积建立标准曲线，利用线性方程及稀释倍数计算定量结果。适用于对某一特定化合物进行定量分析，对进样的准确度要求较高。内标法需要在样品中添加内标物，通过组分与内标峰的面积比对组分进行定量。添加内标的方法也有两种：一种是在仪器测试前在已抽提好的样品中添加标样；另一种是在样品处理前就加入标样。这样可以更加准确地得到组分的回收率。内标化合物的选择标准是物理化学性质要与目标化合物尽量接近，同时能够在仪器分析中完全区分。有机化合物一般使用同位素标记（如氘原子、^{13}C 原子标记）的目标化合物作为内标，物理化学性质与目标化合物几乎完全一致，同时由于离子碎片质荷比存在差异，能够在质谱中进行区分。

3. 检出限和检测限

检出限以浓度或质量表示，是指通过特定的分析步骤由检测出的最小分析信号求得最低浓度或质量。检出限是评价仪器分析性能的重要指标，常用最小检出量的绝对量来表示，如 1ng；也常用最低检出浓度来表示，如 1ng/L 等。如果实验操作条件改变（如取样体积改变），则最低检出浓度会发生变化。检测限又称定量限或有效测定范围，指在限定误差能满足预定要求的前提下，特定方法的测定下限至测定上限之间的浓度范围，分为测定下限与测定上限，对测量结果的精密度要求越高，相应的最佳测定范围越小。

检测上限指在实验误差能满足预定要求的前提下，用特定方法能够准确地定量测定待测物质的最大浓度或质量。对没有系统误差的特定分析方法的精密度要求不同，检测上限也将不同。检测下限指在实验误差能满足预定要求的前提下，用特定方法能准确地定量测定待测物质的最小浓度或质量，称为该方法的测定下限或定量下限。检测下限反映了分析方法能准确地定量测定低浓度水平待测物质的极限可能性，条件更加苛刻，所以检测限总是高于检出限。检测下限有 3 种常用的计算方式。

（1）仪器检测下限

指可检测仪器的最小信号，通常通过信噪比来确认，当信号响应值与噪声响应值的比例大于或等于 3 时，相当于信号强度的试样浓度定义为仪器检测下限。

（2）方法检测下限

指可检测的最低浓度。通常用低浓度曲线外推法求得。

（3）样品检测下限。

指其信号等于测量空白溶液的信号标准偏差 3 倍时浓度，即相对于空白可检测的样品最小含量。

第三章
大气地球化学实验

第一节　实验准备、样品采集、运输与保存

1. 大气样品的采集要求

在确定采样点前应对研究区域进行详细的调查，包括研究区域的地理、风向、人口密度、建筑及道路分布等影响因素，根据监测范围大小和污染物的空间分布特征设置采样点。大气采样点通常设在监测区域的高、中、低不同污染程度的区域。在污染源比较集中、降水量和风向稳定的情况下，污染源的下风向应布设较多的采样点，上风向布设少量点作为对照。各采样点的设置条件要尽可能保持一致，使获得的数据具有可比性，避免因采样方法差异带来实验误差；采样高度、采样频次、样品数目按照实验分析目的而定。采样频率是指一定时间范围内的采样次数。采样频率的高低影响数据的精度。

大气采样点布点方法可按照研究区域的功能区布设，这种方法多用于区域性常规监测。如工业区、城市中心、污染区、居民区、郊区、交通主干道、对照区等。还可按照网格、同心圆、扇形布点法进行采样。网格法应用于均匀的面源污染，同心圆和扇形布点适用于少数污染源。大气采样时间可分为短期、长期、间歇期。短期采样适用于某种特定目的的初步调查，实验结果的代表性较差，不能反映总体变化规律。长期采样是在较长的时间范围内连续自动采样分析。这种方法得到的数据能很好地反映污染物的时间变化规律。间歇性采样指每隔一定时间采集一次样品，取实验结果的平均值，能够提供一定精度的数据，例如可在每个季度或每个月进行采样，了解大气污染的季节变化规律。

2. 大气样品的采集与保存方法

大气样品的采集方法分为主动采样（图 3-1）和被动采样（图 3-2）。

主动采样结果能反映大气在短时间内的平均浓度。被动采样适用于大气污染物浓度较低的区域，或研究区域偏远、不具备主动采样条件的区域。大气中的半挥发性有机物主要吸附于气溶胶颗粒物上，也有部分以气态形式存在于空气中。气态和颗粒态的半挥发性有机物可同时在一套主动采样系统中进行采集。采集的仪器按照采样流量可以分为中流量采样器（约 100L/min）、大流量采样器（约 200L/min）和超大流量采样器（约 800L/min）。采样器主要由滤膜、膜托、装填吸附剂的采样筒、采样泵及硅橡胶密封圈等

图 3-1　大气主动采样器

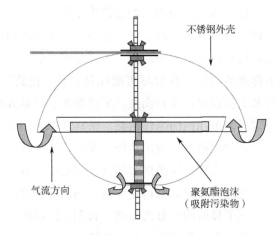

图 3-2　大气被动采样器

组成。常见的滤膜材料有玻璃纤维或石英纤维，滤膜可采集气溶胶颗粒物，滤膜在使用前需用马弗炉 450℃灼烧 4h 以上；采样筒内一般装有聚氨酯泡沫（PUF）或 XAD-2 树脂，吸附气态污染物。

吸附剂在使用前必须用适当的有机溶剂萃取 16h，之后在真空干燥器中完全干燥，以保障吸附剂中不含目标化合物。环境空气样品的常用采样时间是 24h。部分沸点较高的 SVOCs 主要以颗粒态存在，只可用滤膜采样。如果需要单独采集某粒径范围的颗粒物，可用多通道切割采样器同时采集不同粒径的大气颗粒物。上述采样方式为主动采样技术。被动采样技术利用气体分钟扩散原理，使用吸附材料进行采样。采样完成后将滤膜和吸附剂置于用丙酮处理过的铝箔上，折叠后放入有机溶剂清洗过的干净玻璃或不锈钢容器中，密封并保存在阴暗处。如果有条件尽量在冷冻条件下保存，尽量降低样品与大气间污染物的分配作用。

第二节　大气地球化学实验技术

实验一　PM10 和 PM2.5 的测定

一、实验背景

悬浮颗粒物是指悬浮在空气中，空气动力学当量直径小于等于 $100\,\mu m$ 的颗粒物。对人体的危害程度主要决定于自身的粒度大小及化学组分。总颗粒悬浮物（TSP）是大气质量评价中的一个重要污染指标。TSP 有多种自然和人为来源，自然来源包括火山爆发、风沙扬尘、森林火灾等，人为来源包括化石燃料燃烧时产生的烟尘、生产加工过程中产生的粉尘、建筑和交通扬尘以及气态污染物经过光化学化学反应在空气中生成的盐类颗粒。

空气中的大颗粒粉尘（直径大于 $10\,\mu m$）被人的鼻腔阻拦，小颗粒粉尘可能随气流进入气管和肺部。可吸入颗粒物（PM10）是指环境空气中空气动力学当量直径小于 $10\,\mu m$ 的颗粒物，大部分来自扬尘，能够被鼻腔截留，可通过咳嗽排出人体。细颗粒物（PM2.5）是指环境空气中空气动力学当量直径小于 $2.5\,\mu m$ 的颗粒物，其粒径小，富含有毒有害物质，因而对人体健康和大气环境质量影响极大。慢性呼吸道炎症、肺气肿、肺癌的发病与空气颗粒物的污染程度显著相关，当常年接触颗粒物浓度高于 $0.2\,mg/m^3$ 的空气时，其呼吸系统病症增加。目前测定空气中的 PM10 和 PM2.5 含量广泛采用重量法。

二、实验目的

1. 学习和掌握重量法测定大气中可吸入颗粒物（PM10 和 PM2.5）的方法。
2. 学习重量法在大气环境监测中的应用。
3. 重点掌握滤膜的称量、采样器参数的设定与读取。

三、实验原理

本实验通过主动采样方式采集大气样品，使大气通过具有多通道切割设备的采样器，以恒速抽取定量体积空气，使环境空气中 PM2.5 和 PM10 被截留在已知质量的滤膜上，根据采样前后滤膜的重量差和采样体积，计算出 PM2.5 和 PM10 的浓度。

四、实验仪器

（1）TH-1000C 型大流量空气总悬浮微粒采样器（包含 PM2.5 和 PM10 切割器、大流量校准器）。

（2）滤膜：根据样品采集目的可选用玻璃纤维滤膜、石英滤膜等无机滤膜或聚氯乙烯、聚丙烯、混合纤维素等有机滤膜。滤膜对 0.3μm 标准粒子的截留效率不低于 99%。空白滤膜放入恒温恒湿室进行平衡处理至恒重，称量后放入干燥器中备用。

（3）分析天平：0.1mg 或 0.01mg 精密度。

（4）干燥器：电子干燥箱或内盛变色硅胶玻璃干燥器。

五、实验步骤

1. 采样点选择

采样时，采样器入口距地面高度不得低于 1.5m。采样不宜在风速大于 8m/s 大风、暴雨、暴雪等条件下进行。采样点应避开污染源及障碍物。如果测定交通枢纽处 PM2.5 和 PM10，采样点应布置在距离人行道边缘外侧 1m 处。

2. 样品采集

采样时将已称重的滤膜用镊子放入洁净采样夹内的滤网上，滤膜毛面应朝进气方向，将滤膜牢固压紧至不漏气。如果测定任何一次浓度，每次需要更换滤膜；如测日平均浓度，样品可采集在一张滤膜上。采样结束后，用镊子取出。将有尘面两次对折，放入样品盒或纸袋，并做好采样记录。

3. 分析步骤

采样后滤膜样品称量，将滤膜放在恒温恒湿箱中平衡 24h，用分析天平称重，记录滤膜质量。同一滤膜在恒温恒湿条件下平衡 1h 后再次称重。PM2.5 和 PM10 颗粒物样品滤膜的重量需在每次恒温恒湿平衡后测量重量。相邻两次重量测量值之差小于 0.4mg 或 0.04mg 为满足恒重要求。

六、实验数据记录和计算

1. 详细记录实验记录，包括采样日期、采样时间、采样时气象条件（温度、湿度、气压、风向）、采样流量（流速 L/min、m³/min 或总流量 m³）、采样前后滤膜重量。

2. PM2.5 和 PM10 浓度计算式：

$$\rho = \frac{W_1 - W_2}{V} \times 1000 \tag{3-1}$$

式中 ρ——PM2.5 或 PM10 浓度，mg/m³；

W_2——采样后滤膜的重量，g；

W_1——空白滤膜的重量，g；

V——已换算成标准状态（101.325kPa，273K）下的采样体积，m³。

七、注意事项

1. 滤膜收集后如不能立即称重，应在 $-20℃$ 条件下冷冻保存，尽量降低化合物在大气和滤膜间的分配作用。

2. 最好连续采样 24h。如果因为采样条件或场地限制需要采用间断采样方式，测定日平均浓度时，其次数不应少于 4 次，累积采样时间不应少于 18h。

3. 由于采样器流量计上表观流量与实际流量随温度、压力的不同而变化，所以采样流量计必须校正后使用。

4. 要经常检查采样头是否漏气。当滤膜上颗粒物与四周白边之间的界限模糊，表面板面密封垫没有垫好或密封性能不好，应更换面板密封垫，否则测定结果将会偏低。

5. 抽气动力和排气后应放在滤膜采样夹的下风口，必要时将排气口垫高，以避免排气将地面尘土扬起。

6. 取采样后的滤膜时应注意滤膜是否出现物理性损伤及采样过程中是否有穿孔漏气现象，若发现有损伤、穿孔漏气现象，应作废，重新取样。

7. 称量不带衬纸的过氯乙烯滤膜时，在取放滤膜时，用金属镊子轻轻接触天平盘，以清除静电的影响。

八、思考题

1. 对比大气污染法律法规，根据测定结果分析所测点 PM2.5 和 PM10 是否超标。
2. PM2.5 和 PM10 与温度、湿度、气压、风向等气象条件有何联系。
3. 若 PM2.5 和 PM10 浓度水平超标，分析超标原因。

实验二 大气污染物的日变化曲线

一、实验背景

氮氧化物是大气中主要的一类污染物，多存在于气相，包括多种化合物，如 N_2O、NO、NO_2、N_2O_3、N_2O_4、N_2O_5 等。除 NO_2 外其他氮氧化物均极不稳定，遇光照、水分、受热条件下易转化为 NO_2。

大气中氮氧化物主要包括 NO 和 NO_2，主要来自天然过程，如生物源、闪电催化、火灾等。氮氧化物的人为源绝大部分来自化石燃料的燃烧，包括汽车等设备的内燃机排放的尾气，也有生产和使用硝酸的化工厂、钢铁厂、金属冶炼厂等排放的废气，其中以工业窑炉、氮肥生产和汽车排放的氮氧化物量最多。

氮氧化物对呼吸道和呼吸器管有刺激作用，是导致气支管哮喘等呼吸道疾病不断增

33

加的原因之一。NO_2、SO_2、悬浮颗粒物共存时，对人体健康的危害不仅比单独氮氧化物严重得多，而且大于各污染物的影响之和，即产生协同作用。大气中的氮氧化物能与有机物发生光化学反应，产生光化学烟雾。氮氧化物能转化成硝酸和硝酸盐，通过酸沉降对水、土壤等环境系统等带来危害。

二、实验目的

1. 了解空气中氮氧化物的来源。
2. 掌握氮氧化物测定的基本原理和方法。
3. 绘制待定地区空气中氮氧化物的日变化曲线。

三、实验原理

在测定氮氧化物时，先用 CrO_3 将 NO 等低价氮氧化物氧化成 NO_2，NO_2 被吸收在溶液中形成亚硝酸，与对氨基苯磺酸发生重氮化反应，再与盐酸萘乙二胺偶合，生成玫瑰红色偶氮染料，再用比色法测定终产物的含量。方法的检出限为 0.01μg/mL（按与吸光度 0.01 相应的亚硝酸盐含量计）。线性范围为 0.03～1.6μg/mL。当采样体积为 6L 时，氮氧化物的最低检出浓度为 $0.01mg/m^3$。

采集并测定 1d 内不同时间段空气中氮氧化物的浓度，可绘制空气中氮氧化物浓度随时间的变化曲线。

四、实验仪器与材料

1. 仪器

（1）大气采样器：流量范围 0～1L/min。采样流量为 0.4L/min 时误差小于 5%。

（2）多孔玻板吸收瓶：可装 10mL 吸收液的多孔玻板吸收瓶，液柱高度不低于 80mm。

（3）分光光度计。

（4）氧化管：可装 10mL 溶液的洗气瓶，液柱高度不低于 80mm。

2. 试剂

（1）冰醋酸。

（2）超纯水，电阻率≥18.2MΩ·cm（25℃）。

3. 材料

（1）对氨基苯磺酸：分析纯。

（2）盐酸萘乙二胺：分析纯。

（3）三氧化铬：分析纯。

（4）石英砂。

（5）亚硝酸钠：分析纯。

4. 吸收液

称取 5g 对氨基苯磺酸于烧杯中，将 50mL 冰醋酸与 900mL 水混合液分数次加入烧杯中，搅拌，溶解，并迅速转入 1L 容量瓶中，待对氨基苯磺酸完全溶解后，加入 0.05g 盐酸萘乙二胺，溶解后，用水定容至刻度。此为吸收原液，贮于棕色瓶中，低温避光保存。采样用吸收液由 4 份吸收原液和 1 份水混合配制。

5. 氧化管

内装三氧化铬和石英砂。取约 30g 30～50 目的石英砂，用 1:2 盐酸溶液浸泡 36～48h，用水洗至中性，烘干。把三氧化铬及石英砂按重量比 1:30 混合，加少量水调匀，放在红外灯或烘箱里于 105℃烘干，烘干过程中应搅拌几次。制好的三氧化铬石英砂应是松散的。若粘在一起，可适当增加一些石英砂重新制备。将此砂装入氧化管中，两端用少量脱脂棉塞好，放在干燥器中保存。使用时氧化管与吸收管间用一小段乳胶管连接。

6. 亚硝酸钠标准溶液

准确称 0.1g 亚硝酸钠（预先在干燥器内放置 24h）溶于水，转移至 1L 容量瓶中，用水稀释至刻度，即配 $100\,\mu g/mL$ 的亚硝酸钠溶液，将其贮于棕色瓶中，在冰箱中可稳定保存 3 个月。使用时取上述溶液 50mL 于 1000mL 容量瓶中，用水稀释至刻度，即配得 $5\,\mu g/mL$ 亚硝酸钠工作液。所有溶液均需用不含亚硝酸盐的重蒸水或超纯水配制。

五、实验步骤

1. 氮氧化物的采集

用一个内装 5mL 采样用吸收液的多孔玻板吸收瓶，接上氧化管，并使管口微向下倾斜，朝上风向，避免潮湿空气将氧化管弄湿而污染吸收液。以 0.3L/min 的流量抽取空气 30～40min，采样高度为 1.5m。若氮氧化物含量低，可增加采样量，采样至洗手液呈浅玫瑰红色为止。记录采样时间和地点，根据采样时间和流量，计算出采样体积。把 1d 分为几个时间段进行采样（6～9 次），每次约 1h。

2. 氮氧化物的测定

标准曲线的绘制：取 6 支 10mL 比色管，按表 3-1 配置标准曲线。

表 3-1　标准曲线的浓度

编号	浓度 0	浓度 1	浓度 2	浓度 3	浓度 4	浓度 5
NO_2^- 浓度/($\mu g/mL$)	0	0.1	0.2	0.3	0.4	0.5
吸收原液/mL	4	4	4	4	4	4
水/mL	1	0.9	0.8	0.7	0.6	0.5
亚硝酸钠工作液/mL	0	0.1	0.2	0.3	0.4	0.5
NO_2^- 含量/μg	0	0.1	1	1.5	2	2.5

将各管摇匀，避免阳光直射，放置 15min。以蒸馏水为参比，用 1cm 比色皿在 540nm 波长处测定吸光度。样品采集后放置 15min，将吸收液倒入 1cm 比色皿，在 540nm 处测定吸光度。

六、实验数据记录和计算

1. 根据标准曲线吸光度与浓度的对应关系，计算标准曲线的回归方程式：

$$Y = bx + a \qquad (3\text{-}2)$$

式中　Y——等于标准溶液吸光度（A）与试剂空白吸光度（A_0）之差；

x——NO_2 含量，μg；

a，b——回归方程式的截距和斜率。

$$C = \frac{Y - a}{bV \times 0.76} \qquad (3\text{-}3)$$

式中　C——氮氧化物浓度，mg/m^3；

V——标准状态下（25℃，760mmHg）的采样体积，L；

0.76——NO_2（气）转换成 NO_2^-（液）的转换系数。

2. 根据标准曲线回归方程和样品吸光度值，计算出不同时间空气样品中氮氧化物的浓度，绘制氮氧化物浓度随时间变化的曲线。

七、注意事项

1. 该实验的样品数量较多，不同样品的前处理之间必须清洗多孔玻板吸收瓶，使用盐酸浸泡 24h 以上，冲洗干净后烘干。

2. 如果大气中 NO_2 浓度过高，需将吸收液稀释一定倍数后再检测。

八、思考题

1. 比较实验结果与国家环境空气质量标准，大气氮氧化物含量是否已超标？

2. 每天不同时间段氮氧化物的浓度是否有差异？

3. 空气中氮氧化物含量的变化受到哪些因素影响？如污染源、气象条件等。

实验三　真空法测定粉尘真密度

一、实验背景

粉尘的真密度是指单位粉尘颗粒材料体积的粉尘质量。粉尘的真密度是工业除尘设备选型的主要依据之一。尘粒在重力场或离心力场的沉降速度和自身密度成正比。真密度较大的粉尘可以选用重力除尘器、惯性除尘器和旋风除尘器。真密度小的尘粒通常采用布袋除尘器或电除尘器较好。

粉尘真密度是研究粉尘运动规律的重要参数，也是测定粉尘粒度分布的依据。测定粉尘真密度对研究粉尘粒子的沉降规律、除尘器的设计都有重要意义。因此，制定煤矿粉尘真密度的测定方法标准对提高煤矿防尘效果、评价粉尘危害程度、除尘器的研究设计和提高除尘器产品质量有重要的现实意义。

粉尘的质量可以用分析天平称量，粉尘的颗粒体积需要将粒子间空隙及开口处的空气排除，以求粉尘颗粒的真实体积。通常，选用合适的浸液浸泡粉尘并进行抽真空排气，让浸液置换粒子间空气及开孔部位的空气，经称重计算粉尘粒子的材料体积。

二、实验目的

1. 了解测定粉尘真密度的原理并掌握真空法测定粉尘真密度的方法。
2. 了解引起真密度测量误差的因素及消除方法，提高实验技能。

三、实验原理

分别测量粉尘的质量和密度。先将一定量的试样（滑石粉）用天平称量，然后放入比重瓶中，用液体浸润粉尘，再放入真空干燥器中抽真空，排除粉尘颗粒间隙的空气，从而得到粉尘试样在真密度条件下的体积，然后根据上述测得的质量和体积之比可计算得到粉尘的真密度。

四、实验仪器与材料

1. 仪器
(1) 比重瓶：100mL。
(2) 百分之一分析天平。
(3) 真空泵：真空度$>0.9 \times 10^5$Pa。
(4) 恒温烘箱：0～150℃。
(5) 真空干燥器：300mm。
(6) 滴管若干。
(7) 250mL烧杯若干。
2. 试剂
蒸馏水。
3. 材料
滑石粉。

五、实验步骤

1. 将比重瓶洗净，编号，烘干至恒重，用分析天平称重，记下质量 m_0。

2. 将比重瓶加蒸馏水至标记（磨口与透明交接处），擦干瓶外边面的水再称重，记下瓶和水的质量 m_1。

3. 将比重瓶中的水倒去，加入粉尘 m_3（称约 15g 粉尘"滑石粉"即可）。

4. 用滴管向装有粉尘试样的比重瓶中加入蒸馏水至比重瓶容积的一半左右，使粉尘润湿。

5. 把装有粉尘试样的比重瓶和装有蒸馏水的烧杯一同放入真空干燥器中，盖好盖，抽真空。保持真空度在 98kPa（0.09～0.1MPa）下 15min，以便水充满所有粉尘间隙，同时去除烧杯内蒸馏水中可能存在的气泡。

6. 停止抽气，通过三通阀向真空干燥器缓慢进气，待真空表恢复常压指示后打开真空干燥器，取出比重瓶和蒸馏水杯，将蒸馏水加入比重瓶至标记，擦干瓶外表面的水后称重，记下其质量 m_2。

六、实验数据记录和计算

1. 设比重瓶的质量 m_0，容积 V_s，瓶内充满已知密度 ρ_s 的液体，则总质量为：

$$m_1 = m_0 + \rho_1 V_1 \tag{3-4}$$

式中　m_0——比重瓶的质量，g；

　　　m_1——比重瓶加液体的质量，g；

　　　ρ_1——比重瓶中液体的密度，g/cm³；

　　　V_1——比重瓶的体积，cm³。

当瓶内加入质量为 m_2，体积为 V_2 的粉尘试样后，瓶中减少了 V_2 体积的液体，则总质量为：

$$m_2 = m_0 + \rho_1 \times (V_1 - V_2) + m_3 \tag{3-5}$$

式中　m_2——比重瓶加液体和粉尘的质量，g；

　　　m_3——粉尘的质量，g；

　　　V_2——粉尘真体积，cm³。

粉尘试样体积可根据上述两式表示为：

$$V_2 = \frac{m_1 - m_2 + m_3}{\rho_1} \tag{3-6}$$

粉尘的真密度为：

$$\rho = \frac{m_3}{V_2} = \frac{m_3 \rho_1}{m_1 + m_3 - m_2} \tag{3-7}$$

式中　ρ——粉尘真密度，g/cm³。

2. 记录各次实验步骤的称量质量 m_0、m_1、m_2、m_3。

3. 计算实验测定的粉尘的真密度，常见不同来源的粉尘真密度见表3-2。

表 3-2　常见不同来源的粉尘真密度　　　　　　　　单位：g/cm³

粉尘类型	真密度	粉尘类型	真密度
电厂煤粉	2	铸造型砂	3.5
钢厂高炉尘	3	磨料生产	3
炼铁烧结尘	3～5	造型黏土	2.47
焦油烟气尘	0.9	碳酸钙尘	2.7
磨料生产	3	玻璃粉尘	2.5
水泥炉窑灰	3	云母粉尘	2.6
纸厂黑液回收炉尘	3.1	土豆粉	1.5
垃圾焚烧炉烟尘	2.3	滑石粉	2.83
铜冶炼炉尘	4～8	尼龙	1.2
锌精炼炉尘	5	白刚玉粉	3.9
铅冶炼炉尘	6	石墨	2.2
碳黑窑炉尘	1.4	聚氯乙烯尘	1.56
铝冶炼炉尘	3	方解石粉尘	2.2
水泥	3.12	硅砂粉	2.63

七、注意事项

1. 实验中可做 3～5 个平行样，比较实验结果并计算相对偏差，相对标准偏差小于 15％ 为合格。

2. 比重瓶液体中不能有气泡，残存气泡会影响真密度测量值。

八、思考题

1. 实验中的粉尘质量对实验准确度有何影响？

2. 若实验过程中粉尘有损失，实验测得的粉尘真密度值会偏大还是偏小？

实验四　降水中化学成分的测定

一、实验背景

干湿沉降是大气颗粒相污染物被清除的主要机制之一，在清洁大气过程中发挥了巨大作用，但这一过程同时也将大气成分输入地表，将大气中环境污染物传输至地表环境。大气中颗粒物被植被吸附或重力沉降到地面为干沉降；高空雨滴吸收污染物和降落冲刷污染物到地面为湿沉降。降水监测的主要目的是了解在降雨过程中从空气中降落到地面的沉降物主要组成，以及某些污染组分的性质和含量，为分析和控制空气污染提供依据。本次实验主要针对大气降水中的氟、氯、亚硝酸盐、硝酸盐、硫酸盐。

二、实验目的

1. 掌握并熟悉离子色谱仪的使用。
2. 掌握用离子色谱仪测定氟、氯、亚硝酸盐、硝酸盐、硫酸盐的原理。
3. 了解降水中的主要成分及其危害。

三、实验原理

采用的方法是离子色谱法。离子色谱法测定阴离子是利用离子交换原理进行分离，由阴离子交换树脂分离待测离子。由于洗脱液不断流过分离柱，吸附于固定相树脂上的各阴离子被依次洗脱，洗脱顺序与阴离子和固定相树脂的亲和力有关。亲和力越大，流出色谱柱时间越晚。扣除淋洗液背景电导，然后利用电导检测器进行测定。根据混合标准溶液中阴离子出峰的保留时间及峰高可进行定性和定量测定各种阴离子。一次进样可连续测定 6 种无机阴离子（F^-、Cl^-、NO_2^-、NO_3^-、HPO_4^-、SO_4^{2-}）。

四、实验仪器与材料

1. 仪器
(1) 离子色谱仪（戴安 ICS-600）。
(2) 湿沉降采样器：聚乙烯塑料桶。
(3) 0.45μm 有机微孔滤膜。
(4) 布氏漏斗。
(5) 电子干燥箱。

2. 试剂

超纯水，电阻率≥18.2MΩ·cm（25℃）。

3. 材料

（1）氟化钠：分析纯。

（2）氯化钠：分析纯。

（3）亚硝酸钠：分析纯。

（4）硝酸钾：分析纯。

（5）硫酸钾：分析纯。

（6）碳酸氢钠：分析纯。

（7）无水硫酸钠：分析纯。

4. 氟化物标准溶液

1000μg/mL。准确称量 2.21g 氟化钠（105℃干燥 2h），溶于水并定容至 1000mL。

5. 氯化物标准溶液

1000μg/mL。准确称量 1.648g 氯化钠（干燥 2h），溶于水，并定容至 1000mL。

6. 亚硝酸盐标准溶液

1000μg/mL。准确称量 1.5g 亚硝酸钠（干燥 24h），溶于水并定容至 1000mL。

7. 硝酸盐标准溶液

1000μg/mL。准确称量 1.6305g 硝酸钾（干燥 24h），溶于水，并定容至 1000mL。

8. 硫酸盐标准溶液

1000μg/mL。准确称量 1.814g 硫酸钾（干燥 2h），溶于水，并定容至 1000mL。

9. 淋洗液（0.003mol/L 碳酸氢钠，0.0025mol/L 无水硫酸钠）

称取 2.5203g 碳酸氢钠和 2.6498g 无水硫酸钠，溶于水，并定容至 1000mL，装入专用的塑料桶中。淋洗液应经 0.45μm 滤膜过滤后使用。

五、实验步骤

1. 大气降水的采样

采样器放置的相对高度应在 1.2m 以上。每次降雨开始时立即将备用的采样器放置在预定采样点的支架上，打开盖子开始采样，并记录开始采样的时间。不得在降水前打开盖子采样，以防干沉降的影响。

取每次降水的全过程样。若一天中有几次降水过程，可合并为一个样品测定。若遇到连续几天降雨，可收集上午 8:00 至次日上午 8:00 降水，即 24h 降水样品作为一个样品进行测定。采集的样品应移入洁净干燥的聚乙烯塑料瓶中密封保存。在样品瓶上贴标签、编号，同时记录采样地点、日期、起止时间、降水量。

2. 样品预处理

选用孔径为 0.45μm 的有机微孔滤膜作为过滤介质。由于降水中含有颗粒物、微生物等微粒，所以除测定 pH 值和电导率的降水样不过滤外，测定金属和非金属离子的水样均需用孔径 0.45 μm 的滤膜过滤。

滤膜在加工过程中可能会有少量的离子。因此在使用前应将滤膜放入去离子水浸泡 24h。用去离子水洗涤数次后再进行过滤操作。

用于测电导率和 pH 值的降水样品的处理：将采集的降水样品装入干燥清洁的白色聚乙烯塑料瓶中，无须过滤。在测定时要先测电导率再测 pH 值。

3. 样品的保存

样品采集后尽快用过滤装置去除样品中的颗粒物，将滤液装入干燥清洁的白色塑料瓶中，不加添加剂，密封后放在冰箱中保存。24h 以内完成分析实验，以减缓由于挥发和分配等物理作用、氧化还原等化学作用、微生物降解等生物作用，导致样品中待测成分的改变。

4. 离子色谱仪工作条件如下，可根据仪器情况调整参数。主机量程：10～30 μs；泵流速：2mL/min；分离柱温度：25℃；进样体积：50mL。

六、实验数据记录和计算

1. 标准曲线的绘制

由于降水中各离子浓度差异很大，需根据预实验大致了解降水样品中各离子的含量范围，配制 5 种离子的混合标准系列。按前述仪器工作条件进样，根据溶液中离子的浓度和相应的峰高绘制标准曲线。可在表 3-3 的标准曲线基础上进行调整。

表 3-3　标准曲线的浓度 单位：μg/mL

项目	浓度 1	浓度 2	浓度 3	浓度 4	浓度 5	浓度 6	浓度 7
氟化物	0.2	0.5	1	2	5	10	20
氯化物	0.2	0.5	1	2	5	10	20
亚硝酸盐	0.2	0.5	1	2	5	10	20
硝酸盐	0.2	0.5	1	2	5	10	20
硫酸盐	0.2	0.5	1	2	5	10	20

2. 样品检测

按绘制标准曲线的程序测定样品峰高，由样品峰高从标准曲线上查得相应浓度。计算降水中氟化物、氯化物、亚硝酸盐、硝酸盐、硫酸盐的浓度以 mg/L 表示。按式（3-8）计算：

$$C = MD \qquad (3\text{-}8)$$

式中　C——样品中待测离子含量，mg/L；

　　　M——标准曲线上查得样品中待测离子的含量，mg/L；

　　　D——样品稀释倍数。

七、注意事项

1. 水体采样器在首次使用前，需用 10% V/V 盐酸或硝酸浸泡一昼夜，用自来水洗至中性，再用去离子水冲洗多次。然后加少量去离子水振摇，用离子色谱法检查水中的 Cl^-，若与去离子水相同，即为合格。晾干，加盖保存在清洁的橱柜内。采样器每次使用后先用去离子水冲洗干净，晾干后加盖保存。

2. 亚硝酸根不稳定，最好现用现配。

3. 样品需经过 $0.45\,\mu m$ 微孔滤膜过滤，除去样品中颗粒物，防止系统堵塞。

4. 注意整个系统不能进气泡，否则会影响分离效果。

八、思考题

1. 大气降水中除了上述成分外还有哪些成分？哪些具有毒性？

2. 如果仪器系统中进入气泡，将会对实验造成什么影响？

实验五　大气样品中多环芳烃的测定

一、实验背景

多环芳烃是一类由两个及两个以上苯环通过共轭作用形成的芳香烃，以有色晶体为主，具有高熔点、高沸点、亲脂性强，蒸气压和水溶性低，广泛存在于各类环境介质中。多环芳烃是最早被发现具有致癌作用的物质。在目前已经鉴定的 2000 多种化合物中，500 多种具有致癌作用，其中有 200 多种是多环芳烃及其衍生物。在多环芳烃的同系物中，一般分子量越大的环境毒理效应越小，主要由于它们挥发性和水溶性差，在环境中迁移转化速率较慢。有 16 种多环芳烃（PAHs）已被美国环境保护署（EPA）列入优先控制污染物。

PAHs 的来源广泛，主要分为自然来源和人为来源。自然来源包括火山爆发、森林火灾和陆生、海生生物前驱体早期成岩作用；人为来源包括化石燃料的燃烧和木材、农作物秸秆、烟草等的不完全燃烧。释放到环境中的多环芳烃，由于同分异构体有相同的物理化学性质，在环境中会有相同的分配与稀释行为。因此特定的多环芳烃异构体可以用来作为示踪污染源的化学指标，是一类常用的分子标志物。

二、实验目的

1. 掌握并熟悉气相色谱-质谱仪的使用。

2. 掌握用气相色谱-质谱仪测定多环芳烃的原理。

3. 了解大气样品中多环芳烃的毒性当量和风险评估方法。

三、实验原理

大气通过大体积流量器用石英滤膜过滤富集颗粒相样品后，用聚氨酯泡沫（PUF）吸附气相中的有机污染物，经过冷冻干燥后称重，用丙酮-正己烷混合液索氏抽提 48h，转移抽提液至浓缩管；过层析柱将萃取液净化分离 PAHs 混合组分，收集浓缩液后加标，定容至一定量有机溶剂中，转移到细胞瓶进行密封，采用 GC-MS 进行检测。

四、实验仪器与材料

1. 仪器

（1）气相色谱-质谱联用仪（Agilent 7890B-5977B）。

（2）色谱柱：DB-5MS（60m×0.25mm×0.25μm）。

（3）TH-1000C 型大流量空气总悬浮微粒采样器（包含 PM2.5 和 PM10 切割器、大流量校准器）。

（4）电子天平（精度 0.0001g）。

（5）旋转蒸发仪。

（6）超声波清洗机。

（7）氮吹浓缩仪。

（8）冷冻干燥仪。

（9）冷凝循环水系统。

（10）500mL 和 250mL 平底烧瓶。

（11）500mL 烧杯。

（12）滴管。

（13）2mL 色谱进样瓶，聚四氟乙烯材质衬片瓶盖。

（14）100mL 量筒。

（15）450mm 层析柱和聚四氟乙烯塞子。

（16）索氏抽提器和冷凝管。

（17）玻璃纤维滤膜（Whatman，0.45μm）。

（18）PUF：圆柱形，直径 6.5cm，高 8.0cm，密度 0.03g/cm³。

（19）2L 聚四氟乙烯分液漏斗。

2. 试剂

（1）正己烷：色谱纯。

（2）二氯甲烷：色谱纯。

（3）甲醇：色谱纯。

（4）丙酮：色谱纯。

（5）超纯水：电阻率≥18.2MΩ·cm（25℃）。

（6）盐酸（稀释至10％）：优级纯。

3. 材料

（1）80～100目硅胶。

（2）100～200目氧化铝。

（3）铜片。

（4）塑料手套。

（5）铝箔纸。

（6）直尺。

（7）无水硫酸钠：分析纯。

（8）滤纸，脱脂棉。

4. 标准品及其制备

（1）萘（naphthalene）。

（2）苊烯（acenaphthylene）。

（3）苊（acenaphthene）。

（4）芴（fluorene）。

（5）菲（phenanthrene）。

（6）蒽（anthracene）。

（7）荧蒽（fluoranthene）。

（8）芘（pyrene）。

（9）苯并［a］蒽（benzo［a］anthracene）。

（10）䓛（chrysene）。

（11）苯并［b］荧蒽（benzo［b］fluoranthene）。

（12）苯并［k］荧蒽（benzo［k］fluoranthene）。

（13）苯并［j］荧蒽（benzo［j］fluoranthene）。

（14）苯并［e］芘（benzo［e］pyrene）。

（15）苯并［a］芘（benzo［a］pyrene）。

（16）茚苯［1,2,3-c，d］芘（indeno［1,2,3-c，d］pyrene）。

（17）二苯并［a，h］蒽（dibenzo［a，h］anthracene）。

（18）苯并［g，h，i］芘（benzo［g，h，i］perylene）。

上述18种标样在5mL的容量瓶中稀释至20μg/mL和2μg/mL备用。

（19）氘代多环芳烃标准品（naphthalene-d_8）。

（20）氘代多环芳烃标准品（acenaphthene-d_{10}）。

标样在5mL的容量瓶中稀释至1μg/mL备用。

五、实验步骤

1. 空白样品的准备

（1）野外空白/采样空白

每 15 个样品插入 1 个野外空白样。在每次采样过程中带同样铝箔纸包裹密封袋密封的 PUF，滤膜运至采样地再运至实验室作为野外空白。

（2）实验室空白

每 15 个样品增加 1 个实验室空白样。实验室空白样不含实际样品，使用与本方法相同的替代材料。

（3）空白加标空白和平行样

每 15 个样品增加 1 个空白加标空白样。加标空白样中加入含有目标化合物的标准溶液，但不含实际样品；每 15 个样品插入 1 个平行样，平行样一般选择含有大部分待测目标化合物浓度可检出的样品。

2. 将滤膜和 PUF 从大体积流量器中取出后用铝箔纸包好，放入密封袋中密封包装，运至实验室，−20℃下冷冻保存。

3. 将冷冻过后的样品放入铝箔纸或干净的烧杯内冷冻干燥，除去水分。

4. 样品称重，装入干净的滤纸筒内，包好。

5. 索氏抽提

在烧瓶中加入 200mL 正己烷与丙酮（体积比 1∶1）的混合液，加入一定量的回收率指示物，调节水浴锅温度至大约 60℃，开启索氏抽提器上部冷却水，将样品放入索氏抽提内抽提 48h，转移出抽提液至浓缩管内。

6. 浓缩并交换溶剂为正己烷

将萃取液转移至浓缩管中，用铝箔纸盖住浓缩管顶端防止浓缩过程中灰尘或水分进入；放入浓缩仪中，铝箔纸上端打开几个豁口；打开浓缩仪浓缩萃取液，此过程需要控制氮气流的速度，如果过快不仅易于浓缩仪上端凝结水滴进入样品（挥发吸热，造成系统内温度降低，水蒸气会凝结），而且部分易挥发的目标化合物也会有所损失，如果速度过慢，则会延长浓缩时间；经氮吹浓缩仪浓缩到 1mL 左右后，加入 10mL 正己烷，再浓缩到 1mL，此时置换溶剂并再次浓缩定容。

7. 层析分离

（1）层析柱的制备：干净的层析柱放置到铁架台上，将干净的聚四氟乙烯塞子装入层析柱底端，层析柱底端放入少许脱脂棉，并用玻璃棒压实，用正己烷淋洗层析柱，再加入少许正己烷，关闭塞子，在距层析柱底端 6cm 和 18cm 处用记号笔标记，用滴管向层析柱中加入处理后的中性氧化铝，边加边敲，直到氧化铝达到 6cm，再用滴管向层析柱内加入处理过的中性硅胶，直到硅胶层达到 12cm，硅胶上端加入 1cm 高度无水硫酸钠以除去样品中的水分。

（2）样品的净化和分离：打开聚四氟乙烯塞子，将层析柱内多余的正己烷流至硅胶顶端，关闭塞子。将定容后所得溶液所得浓缩淋洗液转移至柱头，打开聚四氟乙烯塞子，液面达到硅胶顶端时关闭塞子；分别用 2mL 正己烷清洗浓缩管，清洗液转移至柱头，打开塞子，让液面流至硅胶顶端处关闭塞子，重复 3 次。

用 70mL 正己烷和二氯甲烷混合液（体积比 7∶3）溶剂冲洗层析柱，用浓缩管采集，此组分有 PAHs 组分。

8. 浓缩定容

含有 70mL 淋洗液的浓缩管用铝箔纸封口，放入浓缩仪中用剪刀开几个豁口，打开旋转蒸发仪浓缩，浓缩至 1mL 左右，加入 10mL 正己烷继续浓缩，浓缩至 0.5mL，用滴管小心转移至细胞瓶内，用少量正己烷冲洗浓缩管壁 3 次，冲洗液用滴管小心转移到细胞瓶内，在柔和氮气流下浓缩溶液并定容至 0.5mL，加入内标后压盖保存。

9. 仪器分析

使用气相色谱-质谱进行 PAHs 的定量分析。色谱柱升温程序是：从 60℃ 开始以 25℃/min 升至 160℃，再以 5℃/min 升至 230℃，保留 4min 后以 20℃/min 升至 260℃ 并保留 5min，然后以 1℃/min 升至 270℃ 保留 8min，最后以 25℃/min 升至 290℃ 并保留 20min。进样口的温度从 100℃ 开始，以 100℃/min 升至 280℃。进样模式为不分流。离子阱和传输线温度分别为 190℃ 和 280℃，离子源为电子轰击模式，电压为 70eV。

多环芳烃等环境痕量污染物在环境介质中浓度很低，仪器响应受样品基质干扰严重。为了尽可能消除人为实验和仪器操作、样品基质带来的定量误差，多环芳烃的分析一般使用内标法，标准曲线中包括目标化合物、回收率指示物、内标化合物。在本实验中采用 naphthalene-d$_8$ 作为回收率指示物，验证在样品前处理和仪器分析过程中内标化合物的回收率。采用 acenaphthene-d$_{10}$ 作为内标化合物，基于目标化合物的仪器响应值定量样品中目标化合物的含量。标准曲线中对目标化合物和回收率指示物设置不同的浓度梯度，内标化合物的浓度保持不变，标准曲线的浓度梯度不少于 7 个点。本实验可参考表 3-4～表 3-6 中的标准曲线浓度与配制体积等信息。

表 3-4　多环芳烃标准曲线的浓度　　　　　　　　单位：μg/mL

项目	储备液 1	储备液 2	浓度 1	浓度 2	浓度 3	浓度 4	浓度 5	浓度 6	浓度 7
萘	20	2.00	0.01	0.02	0.05	0.10	0.20	0.50	1.00
苊烯	20	2.00	0.01	0.02	0.05	0.10	0.20	0.50	1.00
苊	20	2.00	0.01	0.02	0.05	0.10	0.20	0.50	1.00
芴	20	2.00	0.01	0.02	0.05	0.10	0.20	0.50	1.00
菲	20	2.00	0.01	0.02	0.05	0.10	0.20	0.50	1.00
蒽	20	2.00	0.01	0.02	0.05	0.10	0.20	0.50	1.00
荧蒽	20	2.00	0.01	0.02	0.05	0.10	0.20	0.50	1.00
芘	20	2.00	0.01	0.02	0.05	0.10	0.20	0.50	1.00

项目	储备液1	储备液2	浓度1	浓度2	浓度3	浓度4	浓度5	浓度6	浓度7
苯并 [a] 蒽	20	2.00	0.01	0.02	0.05	0.10	0.20	0.50	1.00
䓛	20	2.00	0.01	0.02	0.05	0.10	0.20	0.50	1.00
苯并 [b] 荧蒽	20	2.00	0.01	0.02	0.05	0.10	0.20	0.50	1.00
苯并 [k] 荧蒽	20	2.00	0.01	0.02	0.05	0.10	0.20	0.50	1.00
苯并 [j] 荧蒽	20	2.00	0.01	0.02	0.05	0.10	0.20	0.50	1.00
苯并 [e] 芘	20	2.00	0.01	0.02	0.05	0.10	0.20	0.50	1.00
苯并 [a] 芘	20	2.00	0.01	0.02	0.05	0.10	0.20	0.50	1.00
茚苯 [1,2,3-c, d] 芘	20	2.00	0.01	0.02	0.05	0.10	0.20	0.50	1.00
二苯并 [a, h] 蒽	20	2.00	0.01	0.02	0.05	0.10	0.20	0.50	1.00
苯并 [g, h, i] 芘	20	2.00	0.01	0.02	0.05	0.10	0.20	0.50	1.00
naphthalene-d$_8$	20	2.00	0.01	0.02	0.05	0.10	0.20	0.50	1.00
acenaphthene-d$_{10}$	10		0.20	0.20	0.20	0.20	0.20	0.20	0.20

表 3-5 多环芳烃标准曲线的标准品配制体积（1）

项目	浓度5	浓度6	浓度7
总体积/mL	1	1	1
正己烷/μL	790	505	30
萘/μL	10	25	50
苊烯/μL	10	25	50
苊/μL	10	25	50
芴/μL	10	25	50
菲/μL	10	25	50
蒽/μL	10	25	50
荧蒽/μL	10	25	50
芘/μL	10	25	50
苯并 [a] 蒽/μL	10	25	50
䓛/μL	10	25	50
苯并 [b] 荧蒽/μL	10	25	50
苯并 [k] 荧蒽/μL	10	25	50

项目	浓度 5	浓度 6	浓度 7
苯并 [j] 荧蒽/μL	10	25	50
苯并 [e] 芘/μL	10	25	50
苯并 [a] 芘/μL	10	25	50
茚苯 [1,2,3-c, d] 芘/μL	10	25	50
二苯并 [a, h] 蒽/μL	10	25	50
苯并 [g, h, i] 苝/μL	10	25	50
naphthalene-d₈/μL	10	25	50
acenaphthene-d₁₀/μL	20	20	20

注：储备液 1 和有机溶剂加标体积。

表 3-6　多环芳烃标准曲线的标准品配制体积（2）

项目	浓度 1	浓度 2	浓度 3	浓度 4
总体积/mL	1	1	1	1
正己烷/μL	885	790	505	30
萘/μL	5	10	25	50
苊烯/μL	5	10	25	50
苊/μL	5	10	25	50
芴/μL	5	10	25	50
菲/μL	5	10	25	50
蒽/μL	5	10	25	50
荧蒽/μL	5	10	25	50
芘/μL	5	10	25	50
苯并 [a] 蒽/μL	5	10	25	50
䓛/μL	5	10	25	50
苯并 [b] 荧蒽/μL	5	10	25	50
苯并 [k] 荧蒽/μL	5	10	25	50
苯并 [j] 荧蒽/μL	5	10	25	50
苯并 [e] 芘/μL	5	10	25	50
苯并 [a] 芘/μL	5	10	25	50

项目	浓度1	浓度2	浓度3	浓度4
茚苯 [1,2,3-c, d] 芘/μL	5	10	25	50
二苯并 [a, h] 蒽/μL	5	10	25	50
苯并 [g, h, i] 芘/μL	5	10	25	50
naphthalene-d_8/μL	5	10	25	50
acenaphthene-d_{10}/μL	20	20	20	20

注：储备液2和有机溶剂加标体积。

六、实验数据记录和计算

1. PAHs 浓度计算

（1）按照仪器软件标准曲线计算得到大气气相样品中 PAHs 浓度 C_1（ng/mL）。大气气相中 PAHs 的含量按照下式计算：

$$C_G = \frac{C_1 V_1}{V_2} \qquad (3\text{-}9)$$

式中　C_G——大气气相中 PAHs 的含量，ng/m³；

　　　C_1——大气气相样品中 PAHs 仪器检测浓度，ng/mL；

　　　V_1——大气气相样品定容体积，mL；

　　　V_2——采集的大气样品体积，m³。

（2）按照仪器软件标准曲线计算得到大气颗粒相样品中 PAHs 浓度 C_2（ng/mL）。大气颗粒相中 PAHs 的含量按照下式计算：

$$C_P = \frac{C_2 V_3}{V_2} \qquad (3\text{-}10)$$

式中　C_P——大气颗粒相中 PAHs 的含量，ng/m³；

　　　C_2——大气颗粒相样品中 PAHs 仪器检测浓度，ng/mL；

　　　V_3——大气颗粒相样品定容体积，mL；

　　　V_2——采集的大气样品体积，m³。

2. 质量保证与质量控制

样品处理前加入一定量的回收率指示物，整个样品处理过程中增加野外空白、实验室空白、空白加标和平行样。每次采样过程中准备野外空白样品，采样结束后空白样品同样品一起处理和分析。计算回收率包括加标回收率和每个样品中指示物的回收率。对于空白中检出的多环芳烃，检出限为空白中平均浓度加上 3 倍标准偏差。空白中没有检出的多环芳烃，检出限为 10 倍仪器信噪比对应的响应值，或标准曲线的最低浓度。要求回收率指示物和目标化合物的准确度在 80％～120％范围内，平行样间的相对标准偏差小于 15％。

3. PAHs 毒性当量计算

PAHs 的风险评价方法很多，本实验中只使用毒性当量评估方法。为了得到多种 PAHs 单体的总体致癌性，通常将其他 PAHs 的毒性与苯并 [a] 芘（BaP）比较，得到毒性当量因子（toxic equivalent factor，TEF），利用 TEF 将其他 PAHs 的质量分数转化为相当于 BaP 的质量分数。再将多种 PAHs 单体的 BaP 等效质量分数相加得到相对应的 BaP 质量分数。16 种 PAHs 的 BaP 等效毒性当量因子见表 3-7。

表 3-7　多环芳烃的苯并 [a] 芘等效毒性当量因子

化合物	TEF	化合物	TEF	化合物	TEF	化合物	TEF
NaP	0.001	Ace	0.001	Phe	0.001	Fla	0.001
Baa	0.1	Bbf	0.1	BaP	1	DahA	5
Acy	0.001	Flo	0.001	Ant	0.01	Pyr	0.001
Chr	0.01	Bkf	0.1	Icdp	0.1	BghiP	0.01

16 种 PAHs 的毒性当量（toxicity equivalence quantity，TEQ）按下式计算：

$$TEQ = \sum (C_i \times TEF_i) \qquad (3-11)$$

式中　TEQ——大气样品 16 种 PAHs 的毒性当量；

　　　C_i——大气样品中某种 PAHs 单体的含量，ng/m^3；

　　　TEF_i——某种 PAHs 单体的 TEF 值。

七、注意事项

1. 为了解实验的准确度，包括所有空白样及平行样等所有样品均可加入回收率指示物标样。回收率指示物和内标指示物的选择标准一致。

2. 为了解实验的准确度，每 15 个样品增加 1 个标准参考物质样品。标准参考物质推荐采用美国国家标准和技术研究所（National Institute of Standard and Technology，NIST）、欧洲标准局标准物质（Institute for Reference Materials and Measurements，IRMM）、中国国家标准物质中心的产品。如果无法购买标准参考物质，可采集浓度较低的基质，加入已知含量的标样，计算检测方法的回收率。

八、思考题

1. 样品中 PAHs 的浓度、组成、来源与其他地区的 PAHs 污染有何异同？

2. 各 PAHs 单体在气相和颗粒相中的分配有何规律？

3. 哪些 PAHs 单体对总毒性当量 TEQ 的贡献最多？

第四章
水地球化学实验

第一节　实验准备：样品采集、运输与保存

1. 水样的采集要求

采集的水样必须具有代表性和完整性，即在规定的采样时间、地点，用规定的采样方法，采集符合被测水体真实情况的样品。样品采集后容易发生变化的成分应该在现场测定。带回实验室的样品，在测定之前要妥善保存，确保样品在保存期间不会发生明显的物理、化学、生物变化。因此必须选择合理的采样位置、采样时间和采样技术。

对于天然水体，为了采集具有代表性的水样，要根据分析的目的和现场实际情况来选定采集样品的类型和采集方法。通常对河流、湖泊等天然水体可以采集瞬时水样，而对于工业废水和生活污水，应根据生产工艺、排污规律和监测目的，针对其流量和浓度都随时间而变化的非稳态流体特征，科学合理地设计水样采集的种类和方法。水样的类型包括以下 6 种。

（1）瞬时水样

指在某一定的时间和地点，从水中随机采集的分散水样。适用于水体流量和污染物浓度都相对稳定的水体，其特点是水体的水质比较稳定。

（2）等时混合水样（平均混合水样）

指在某一时段内，在同一采样点按照等时间间隔采集等体积的多个水样，于同一容器内经混合均匀后得到的水样。适用于废水流量比较稳定（变化小于 20%），但水质有变化的水样的采集。

（3）等时综合水样

指在不同采样点按照流量的大小同时采集的各个瞬时水样经混合后所得到的水样。适用于在河流主流、多个支流和多个排污点处同时采样，或在工业企业各个车间排放口同时采集水样的情况。

（4）等比例混合水样

指在某一时段内，在同一采样点所采集的水样量随时间或流量成比例变化，在同一容器中经混合均匀后得到的水样。多支流河流、多个废水排放口的工业企业等经常采集等比例混合水样。

（5）流量比例混合水样

指在采样过程中按照废水流量变化设置程序，使采样器按照比例连续采集混合的水样。该方法适用于水量和水质均不稳定的污染源样品的自动采集。

（6）单独水样

需要采集单独水样的指标有 pH 值、溶解氧、硫化物、有机物、细菌学指标、余氯、化学需氧量、生化需氧量、油类、悬浮物、放射性和其他可溶性气体等。

2. 水样的采集与保存方法

水样从采集到分析的这段时间内，由于环境条件的改变，微生物新陈代谢活动和物理化学作用的影响，会引起水样物理参数和化学组分的变化。水样采集后，应尽快进行分析测定，能在现场做的监测项目要求在现场测定，如溶解氧、温度、电导率、pH 值等。但由于各种条件所限，大多数项目需送往实验室进行测定。有时因人力、时间不足，还需要在实验室存放一段时间后才能分析。因此从采样到分析的时间内，水样的保存技术极其重要。

有些分析项目在采样现场采取一些简单的保护措施后，能存放一段时间。水样保存时间与水样的性质、分析指标、溶液酸度、保存容器和存放温度等多种因素有关，不同水样的最长存放时间不同。一般认为，洁净水样可保存 72h，轻污染水样可保存 48h，重污染水样可保存 12h。对保存药剂一般要求是：有效、方便、经济，而且加入的任何试剂不能给后续的分析测定工作带来影响。当添加试剂的作用相互干扰时，建议采用分瓶采样、分别加入的方法保存水样。水样有以下几种主要的保护性措施。

（1）选择合适的保存容器

不同材质的容器对水样的影响不同，一般可能存在容器吸附待测组分或容器自身杂质溶出而污染水质的情况，容器应具有足够强度，只使用灵活、方便可靠，容器材料应保证水样的各组分在储存期内不与容器发生反应，且不会对水样造成污染，稳定性好，价廉易得，易清洗并可反复使用。常用的水样容器材料由不锈钢、聚四氟乙烯、聚乙烯塑料、石英玻璃和硼硅玻璃等制成（图 4-1）。

图 4-1　水体采样器

通常塑料容器用作测定金属、放射性元素和其他无机物的盛样容器；玻璃容器用作测定有机物和生物类的盛样容器。容器盖和塞的材料应与容器材料一致。

（2）冷藏或冷冻

水样在低温保存能抑制微生物活动、减缓物理作用和化学反应的速度。如果将水样保存在 $-22 \sim -18 \, ^\circ\text{C}$ 的冷冻条件下，会显著提高水样总 P、N、Si 化合物及生化需氧量等分析项目的稳定性，而且这类保存方法对后续分析测定无影响。

（3）加入保存药剂

在水样中加入合适的保存药剂，能够抑制微生物活动，减缓氧化-还原反应发生。加入的方法可以在采样后立即加入，也可以在水样分样时，根据需要分瓶分别加入。不同的水样、同一水样的不同分析目的要求使用的保存药剂不同。保存药剂主要有以下几种类型。

① 生物抑制剂。生物抑制剂主要为重金属盐。如在测定氨氮、硝酸盐氮、化学需氧量的水样中加入氯化汞，加入量为每升水样 $20 \sim 60 \text{mg}$，对于需要测定汞的水样，可加入苯或三氯甲烷，每升水样加 $0.1 \sim 1.0 \text{mL}$。对于测定苯酚的水样，用磷酸调节水样的 pH 值为 4，加入硫酸铜，可抑制苯酚菌的分解活动。

② pH 调节剂。加入酸或碱调节水样的 pH 值，可以使一些处于不稳定态的待测组分转变为稳定态。例如，对于水样中的重金属，常加酸调节水样的 pH 值至小于或等于 2，达到防止重金属离子水解沉淀或被容器壁吸附的目的，测定氰化物或挥发酚的水样，需要加入 NaOH 调节其 pH 大于或等于 12，使两者分别生成稳定的钠盐或酚盐。

③ 氧化剂或还原剂。在水样中加入氧化剂或还原剂可以阻止或减缓某些组分氧化、还原反应的发生。例如在水样中加入抗坏血酸，可以防止硫化物被氧化；测定溶解氧的水样需要加入少量硫酸锰和碘化钾-叠氮化钠试剂，将溶解氧固定在水中；测定汞的水样加入硝酸和重铬酸钾，可使汞保持高价态。

3. 沉积物的采集与保存方法

沉积物为任何可以由流体流动所移动的微粒，并最终成为在水环境下层的固体微粒。水库、河流、湖泊、海洋中都有沉积物，由于水体流量不同，沉积颗粒有砂砾、沙子、土壤等不同来源，每种类型的沉积物都有不同的沉降速度。在大型湖泊、河口、海洋区域，水中颗粒的沉积速度相对恒定，因此可以反映不同时期的环境污染状况。沉积柱剖面可以记录流域内环境变化的重要信息。

表层沉积物（0～5cm）可以代表近期流域的环境变化状况，如污染物排放量。沉积物是水体环境中重要的组成部分，可以通过再悬浮作用向上层水体输入有机质和无机盐，同时也是各种污染物的汇集地，可能成为水体中环境污染物的潜在二次污染源。表层沉积物常使用抓斗进行采集（图 4-2），沉积柱样品需使用沉积柱采样器（图 4-3）。

在采集沉积柱样品前应通过文献调研、同位素定年实验等方法大致预测当地流域的颗粒物沉积速率。一般按照 1～2cm 的高度切割沉积柱，也可以按照当地沉积速率使用其他切割高度。通过对不同深度沉积物成分和环境污染物的分析了解环境变化信息。

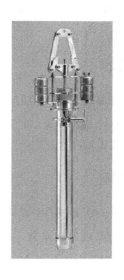

图 4-2　沉积物采样器（抓斗）　　　　图 4-3　沉积柱采样器

第二节　水地球化学实验技术

实验一　有机化合物的正辛醇-水分配系数

一、实验背景

有机化合物的辛醇-水分配系数（K_{ow}）是指在一个由辛醇和水组成的两相平衡体系中，化合物在辛醇相的浓度与其在水相中浓度的比值，反映了有机化合物在有机相和水相间的分配倾向。K_{ow} 越大的物质，其疏水性越大。由于环境有机污染的 K_{ow} 值较大，实际常使用以 10 为底的 K_{ow} 对数值。

K_{ow} 的研究最初是随着人们对药物的化学结构-活性关系的研究发展起来的。近年来，K_{ow} 已成为研究有机化合物环境行为的一个重要参数。研究表明，K_{ow} 与有机化合物的水溶解度、沉积物或土壤对有机化合物的吸附系数、有机化合物的生物浓缩因子等都有密切的联系。因此在研究有机污染物在环境中的行为和生态效益方面，K_{ow} 的研究必不可少。

目前关于有机化合物 K_{ow} 的测定方法主要有摇瓶法、逆流分配法、分段流动法和高效液相色谱法等。在这些方法中，摇瓶法最成熟，应用最为普遍，被世界经济合作与发展组织确定为标准方法。但是该方法费时，且常常会碰到许多实验条件的困难，因而在实际工作中受到一定的限制。高效液相色谱法的优点是简单、快速、节省劳力，允许较宽的 K_{ow} 测定范围。

二、实验目的

1. 了解测定有机化合物的辛醇-水分配系数的意义和方法。
2. 掌握紫外分光光度计的使用方法。
3. 掌握高效液相色谱的使用方法。

三、实验原理

化合物在辛醇相中的平衡浓度与水相中该化合物非解离形式的平衡浓度的比值即为该化合物的辛醇-水分配系数。

$$K_{ow} = \frac{C_o}{C_w} \qquad (4\text{-}1)$$

式中　　C_o——该化合物在辛醇相中的平衡浓度，ng/mL；

　　　　C_w——水相中的平衡浓度，ng/mL；

　　　　K_{ow}——分配系数。

1. 摇瓶法测定正辛醇-水分配系数

摇瓶法测定有机化合物 K_{ow} 的基本原理是将受试物在一定温度下加入由辛醇和水组成的两相体系，然后充分混合，使体系中所有相互作用的组分之间达到平衡状态，之后将两相分离。分别测定辛醇相和水相中受试物的平衡浓度，通过计算求得 K_{ow} 值。

2. 高效液相色谱法测定正辛醇-水分配系数

高效液相色谱法测定有机化合物的 K_{ow} 是利用有机化合物在液相色谱柱的固定相和流动相之间的分配，与其在辛醇和水混合体系内两相间的分配相似的原理。该方法首先测定 K_{ow} 已知的有机化合物的液相色谱保留时间 t，并建立 t 与 K_{ow} 间线性相关关系式。然后利用同样方法测定受试物的保留时间，最后由所建立的相关关系式计算该化合物的 K_{ow} 值。

四、实验仪器与材料

1. 仪器
(1) 高效液相色谱，配紫外检测器（Agilent 1290）。
(2) C8 色谱柱：10μm，250mm×4.6mm 内径。
(3) 紫外分光光度计。
(4) 恒温振荡器。
(5) 离心机。
(6) 容量瓶：10mL、25mL。

2. 试剂

（1）正辛醇：分析纯。

（2）乙醇：95％，分析纯。

（3）甲醇：色谱纯。

（4）对二甲苯：分析纯。

（5）标样化合物：可根据实际需要自选。

五、实验步骤

1. 摇瓶法

（1）标准曲线的绘制

移取 1.00mL 对二甲苯于 10mL 容量瓶中，用乙醇稀释至刻度，摇匀。取该溶液 0.10mL 于 25mL 容量瓶中，再以乙醇稀释至刻度，摇匀，此时浓度为 400μg/mL。在 5 只 25mL 容量瓶中各加入该溶液 1.00mL、2.00mL、3.00mL、4.00mL、5.00mL，用水稀释至刻度，摇匀。在分光光度计上选择波长为 227nm，以水为参比，测定标准系列的吸光度 A。以 A 对浓度 C 作图，即得标准曲线。

（2）分配系数的测定

移取 0.4mL 对二甲苯于 10mL 容量瓶中，用正辛醇稀释至刻度，配成浓度为 4×10^4 μg/mL 的溶液，取此溶液 1.00mL 于具塞 10mL 离心管中，准确加入 9.00mL 水，塞紧塞子，平放并固定在恒温振荡器上（25℃±0.5℃）振荡 30min。然后离心分离 10min，用滴管小心吸去上层辛醇，在 227nm 下测定水相吸光度，由标准曲线查出其浓度。做两个平行样并作试剂空白。

2. 高效液相色谱法

以甲醇为溶剂，配制标样和被测样品（对二甲苯），浓度约为 25mg/L。分别取此溶液进行色谱分析，进样量 20μL。记录标样和被测样品的保留时间。色谱条件：流动相为 75∶25 的甲醇/水；流速为 0.5mL/min；紫外检测波长为 254nm。

六、实验数据记录和计算

1. 摇瓶法中 K_{ow} 计算公式

$$K_{ow} = \frac{C_O V_O - C_w V_O}{C_w V_w} \qquad (4\text{-}2)$$

式中　C_O——该化合物在辛醇相中的平衡浓度，ng/mL；

　　　V_O——辛醇相的体积，mL；

　　　C_w——该化合物在水相中的平衡浓度，ng/mL；

　　　V_w——水相的体积，mL；

　　　K_{ow}——分配系数。

2. 高效液相色谱法

通过所测得的各标样化合物在高效液相色谱上的保留时间和已知的分配系数进行线性回归分析，可得线性回归方程式 $\lg K_{ow}$，将被测化合物色谱保留时间 t 代入回归方程式，计算出相应的 K_{ow} 值。

$$\lg K_{ow} = a\lg t + b \tag{4-3}$$

式中　a——常数；

　　　b——常数；

　　　t——化合物的色谱保留时间，min；

　　K_{ow}——分配系数。

七、注意事项

1. 摇瓶法分离有机相和水相时，若两相之间产生乳化现象，不能直接转移，需要进行高速离心或添加 NaCl 等无机盐促进分层，然后转移有机相。

2. 使用高效液相色谱法测定 K_{ow} 值时应注意每次测定前色谱柱柱压稳定，已达到平衡。不同样品的进样测试间应用大量流动相冲洗色谱体系。

八、思考题

1. K_{ow} 值的大小与化合物的结构式和特征基团有何关系？

2. 比较振荡法和高效液相色谱法测定化合物 K_{ow} 测量结果，两种测量方法各有什么优缺点？

实验二　污水中 VOCs 的测定

一、实验背景

挥发性有机化合物（volatile organic compounds，VOCs）是指除 CO、CO_2、H_2CO_3、金属碳化物、金属碳酸盐和碳酸铵外，任何可以参与大气光化学反应的碳化合物。VOCs 熔点一般低于室温而沸点在 50~260℃ 之间。VOCs 对人体健康有巨大负面影响，当居室中的 VOCs 达到一定浓度时，短时间内人们会感到头痛、恶心、呕吐、乏力等，严重时会出现抽搐、昏迷，并会伤害到人的肝脏、肾脏、大脑和神经系统，造成记忆力减退等严重后果。室外环境中 VOCs 主要来自燃料燃烧和交通运输；室内环境中 VOCs 主要来自燃煤和天然气等燃烧产物、吸烟、采暖和烹调等烟雾，以及建筑和装饰材料、家具、家用电器、清洁剂和人体本身的排放等。烟草行业、纺织品行业、玩具行业、家具装饰材料、汽车配件材料、电子电气行业等在生产过程中都会挥发出大量 VOCs。

VOCs 的主要成分有烃类、卤代烃、含氧烃类和含氮烃类，包括苯系物、有机氯化物、氟里昂系列、有机酮、胺、醇、醚、酯、酸和石油烃化合物等。苯系化合物通常包括苯、甲苯、乙苯、邻位二甲苯、间位二甲苯、对位二甲苯、异丙苯、苯乙烯化合物。苯系化合物是生活饮用水、地表水质量标准和污水排放标准中控制的有毒物质指标。测定苯系物的方法有顶空气相色谱法、二硫化碳萃取气相色谱法和气相色谱-质谱法。本实验采用顶空气相色谱法。

二、实验目的

1. 掌握用顶空法预处理水样，用气相色谱法测定苯系物的原理和操作方法。
2. 了解气相色谱分析的基本知识及色谱仪各组成部分的工作原理。

三、实验原理

在恒温的密闭容器中，水样中的苯系物挥发进入容器上层的空气相中，当气、液两相间达到热力学动态平衡后，取液上气相样品进行色谱分析，根据色谱图中保留时间进行定量。顶空气相色谱法适合分析易挥发的微量成分。

四、实验仪器与材料

1. 仪器
（1）气相色谱仪-氢火焰离子化检测器（Agilent 6890N）。
（2）HP-5 毛细柱（$30m \times 0.25mm \times 0.25\mu m$，甲基聚硅氧烷）。
（3）带有恒温水浴的振荡器。
（4）100mL 玻璃注射器。
（5）5mL 全玻璃注射器。
（6）10μL 微量注射器。

2. 试剂
（1）苯：色谱纯。
（2）甲苯：色谱纯。
（3）乙苯：色谱纯。
（4）对二甲苯：色谱纯。
（5）间二甲苯：色谱纯。
（6）邻二甲苯：色谱纯。
（7）异丙苯：色谱纯。
（8）苯乙烯：色谱纯。

3. 材料
（1）氯化钠：分析纯。

（2）高纯氮气（99.999%）。

4. 苯系物标准储备液

用 10μL 微量注射器取苯系物标准物质，配成浓度各为 10mg/L 的混合水溶液。该储备液保存于 4℃冰箱中，一周内有效。

五、实验步骤

1. 顶空样品的制备

称取 20g 氯化钠，放入 100mL 注射器中，加入 40mL 水样，排出针筒内空气，再吸入 40mL 氮气，用胶帽封好注射器。将注射器置于振荡器恒温水槽中固定。在约 30℃下振荡 5min，抽出液上空间的气相 5mL 进行色谱分析。当废水中苯系物浓度较高时，适当减少进样量。

2. 标准曲线的绘制

用苯系物标准储备液配成浓度为 5μg/L、20μg/L、40μg/L、60μg/L、80μg/L、100μg/L 的苯系物标准系列水溶液，吸取不同浓度的标准系列溶液，按照上述样品制备方法处理，取 5mL 液面上空气样品进行色谱分析，绘制浓度-峰高标准曲线。

3. 色谱条件

色谱柱参数如下。温度：柱温 65℃，气比室温度 200℃，检测器温度 150℃。气体流量：氮气 400mL/min，氢气 40mL/min，空气 400mL/min，应根据仪器型号选用合适的气体流量。

4. 测定结果

根据样品色谱图上苯系物各组分的峰值，从各自的标准曲线上查得样品中苯系物相应组分的浓度。

六、实验数据记录和计算

1. 根据测定苯系物标准系列溶液和水样得到的色谱图，绘制各组分浓度-峰值标准曲线；由水样中苯系物各组分的峰值，从各自的标准曲线上查得样品中的浓度。

2. 根据实验操作和条件控制等方面的实际情况，分析可能导致测定误差的因素。

七、注意事项

1. 用顶空法制备样品是准确分析的重要步骤之一，振荡时温度变化及改变气液两相比例等因素都会使分析误差增大。如需要二次进样，应重新恒温振荡。

2. 苯系物对人体具有致癌毒性。配置苯系物标准储备液时，可先将移取的苯系物加入少量甲醇中，再配置成水溶液。配置工作要在通风良好的条件下进行，以免危害健康。

八、思考题

1. 为什么收集顶空气体测试就可以测得水样中待测成分的含量？

2. 除了采用顶空进样法对水样进行预处理外，还有哪些预处理的方法？

实验三　水体富营养化程度的评价

一、实验背景

自然条件下的水体会逐渐从贫营养状态演变至富营养状态，沉积物累积后形成沼泽，最后成为陆地。在人类活动的影响下，生物生长所需的氮磷等必要营养物质随生活生产用水大量排放，在短时间内进入河流、湖泊、近海环境水体引起水生藻类、浮游生物等迅速繁殖，水体中的溶解氧含量下降，水体质量恶化，鱼类和其他水生生物大量死亡。这种现象称为水体富营养化。水体富营养化后，即使切断外界营养物质的来源，也很难自净和恢复到正常水平。近海地区可能出现赤潮现象。水体富营养化的指标包括总磷、总氮、叶绿素 a 含量等。

二、实验目的

1. 掌握总磷、总氮及叶绿素 a 的测定原理及方法。
2. 评价水体的富营养化状况。

三、实验原理

1. 测定磷的原理

在酸性溶液中，将各种形态的磷转化成磷酸根离子（PO_4^{3-}）。随后用钼酸铵和酒石酸锑钾与之反应，生成磷钼锑杂多酸，再用抗坏血酸将它还原为深色钼蓝。砷酸盐和磷酸盐一样也能生成钼蓝，$0.1\mu g/mL$ 的砷就会干扰测定。六价铬、二价铜和亚硝酸盐能氧化钼蓝，使测定结果偏低。

2. 测定总氮（碱性过硫酸钾消解紫外分光光度法）的原理

在 60℃ 以上的水溶液中，过硫酸钾按如下反应式分解，生成氢离子和氧：

$$K_2S_2O_8 + H_2O \longrightarrow 2KHSO_4 + \frac{1}{2}O_2$$

$$KHSO_4 \longrightarrow K^+ + HSO_4^-$$

$$HSO_4^- \longrightarrow H^+ + SO_4^{2-}$$

加入氢氧化钠用以中和氢离子，使过硫酸钾分解完全。

在 120~124℃ 的碱性介质条件下，用过硫酸钾作氧化剂，不仅可将水样中的氨氮和亚硝酸盐氮氧化为硝酸盐，同时将水样中大部分有机氮化合物氧化为硝酸盐。而后，用紫外分光光度法分别于波长 220nm 与 275nm 处测定其吸光度，按 $A = A$（220nm）$-$ $2A$（275nm）计算校正吸光度（A），即可得到硝酸盐氮的吸光度值，根据 A 值做标准曲线并计算总氮含量。

3. 测定叶绿素 a 的原理

测定水体中的叶绿素 a 含量，可估计该水体的绿色植物存量。将色素用丙酮萃取，测量其吸光度值，便可以测得叶绿素 a 的含量。

四、实验仪器与材料

1. 仪器

（1）可见分光光度计。

（2）灭菌锅。

（3）容量瓶：100mL、250mL。

（4）锥形瓶：250mL。

（5）比色管：25mL、50mL。

（6）具塞小试管：10mL。

（7）移液管：1mL、2mL、10mL。

（8）醋酸纤维滤膜：孔径 0.45μm。

2. 试剂

（1）丙酮：色谱纯。

（2）盐酸：优级纯。

3. 材料

（1）过硫酸钾。

（2）硝酸钾。

（3）钼酸铵。

（4）酒石酸锑钾。

（5）抗坏血酸。

（6）磷酸二氢钾。

4. 3.5％过硫酸钾溶液

5. 硝酸钾标准储备液

称取 0.7218g 经 105～110℃烘干 4h 的优级纯硝酸钾（KNO_3）溶于无氨水中，移至 1000mL 容量瓶中，定容。此溶液每毫升含 100μg 硝酸盐氮。

6. 硝酸钾标准使用液

将储备液用无氨水稀释 10 倍。每毫升含 10μg 硝酸盐氮。

7. 90％丙酮溶液

丙酮与水按体积比 9：1 混合。

8. 2mol/L 盐酸溶液

9. （1+9）盐酸溶液

盐酸与水按体积比 1：9 混合。

10. 钼酸盐溶液

溶解 13g 钼酸铵 $[(NH_4)_6Mo_7O_{24} \cdot 4H_2O]$ 于 100mL 水中。溶解 0.35g 酒石酸锑钾 $[K(SbO)C_4H_4O_6 \cdot \frac{1}{2}H_2O]$ 于 100mL 水中。

11. 钼酸盐储备液

在不断搅拌下，将钼酸铵溶液缓慢加入 300mL（1+1）硫酸中，加酒石酸锑氧钾溶液并混合均匀。储存在棕色玻璃瓶中，保存于 4℃，至少稳定 2 个月。

12. 10% 的抗坏血酸溶液

溶解 10g 抗坏血酸于 100mL 蒸馏水中，转入棕色瓶。若在 4℃ 以下保存，可维持一周不变。

13. 磷酸盐储备液

称取 1.098g KH_2PO_4，溶解后转入 250mL 容量瓶中，稀释至刻度，即得 1.00mg/mL 磷溶液。

14. 磷酸盐标准使用溶液

量取 0.20mL 储备液于 100mL 容量瓶中，稀释至刻度，即得磷含量为 2μg/mL 的标准液。

五、实验步骤

1. 磷的测定

（1）消解

吸取 25mL 水样于 50mL 具塞刻度管中，加 4mL 的过硫酸钾溶液，加塞后管口包一小块纱布并用线扎紧，以免加热时玻璃塞冲出。将具塞刻度管放在大烧杯中，置于高压蒸汽消毒器或压力锅中加热 40min 后，停止加热，待压力表指针降至 0 后，取出放冷。如溶液浑浊，则用滤纸过滤；洗涤瓶及滤纸一并移入比色管中，加水至标线，供分析用。试剂空白和标准溶液系列也经过同样的消解。

（2）标准曲线的绘制

取数支 50mL 具塞比色管，分别加入磷酸盐标准使用液（浓度为 2.00μg/mL）0mL、1.0mL、3.0mL、5.0mL、10.0mL、15.0mL，加水至 25mL，加 4mL 的过硫酸钾溶液，加塞后管口包一小块纱布并用线扎紧，以免加热时玻璃塞冲出。将具塞刻度管放在大烧杯中，置于高压蒸汽消毒器或压力锅中加热 40min 后，停止加热，待压力表指针降至 0 后，取出放冷。加水至标线。

向比色管中加入 1mL 10%（m/V）抗坏血酸溶液混匀，30s 后加 2mL 钼酸盐溶液充分混匀，放置 15min。用 10mm 或 30mm 比色皿，于 700nm 波长处，以零浓度溶液为参比，测量吸光度。

（3）样品测定

分别取适量经膜过滤或消解的水样用水稀释至标样，以下绘制标准曲线的步骤进行显色和测量。减去空白试验的吸光度，并从标准曲线上查出含磷量。

2. 总氮的测定

（1）标准曲线的绘制

分别吸取 0mL、1.0mL、2.0mL、3.0mL、5.0mL、7.0mL、8.0mL、10.0mL 硝酸钾标准使用液（浓度为 10.0μg/mL）于 25mL 比色管中，用无氨水稀释至 10mL 标线。加入 5mL 碱性过硫酸钾溶液，塞紧磨口塞，用纱布及纱绳裹紧管塞，以防止溅出。将比色管置于压力蒸汽消毒器中，放气 5～10min，关上排气阀，升温至 120～124℃时开始计时，40min 后关闭消毒器，自然冷却，开阀放气，移去外盖，取出比色管并冷却至室温。加入（1+9）盐酸 1mL，用无氨水稀释至 25mL 标线。在紫外分光光度计上，以无氨水作参比，用 10mm 石英比色皿分别在 220nm 及 275nm 波长处测定吸光度。用校正的吸光度绘制标准曲线。

（2）样品测定

取 10mL 水样，按标准曲线绘制步骤操作，然后按校正吸光度，在标准曲线上查出相应的总氮量，再计算总氮含量。测定悬浮物较多的水样时，在碱性过硫酸钾氧化后可能出现沉淀。遇此情况，可吸取氧化后的上清液进行紫外分光光度法测定。

3. 叶绿素 a 的测定

将 100～500mL 水样经 0.45μm 玻璃纤维滤膜过滤，记录过滤水样的体积。将滤纸卷成香烟状，放入小玻璃瓶或离心管中。加 10mL 或足以使滤纸淹没的 90%丙酮液，记录体积，塞住瓶塞，并在 4℃下暗处放置 4h。将一些萃取液倒入 1cm 玻璃比色皿，以试剂空白为参比，分别在波长 665nm 和 750nm 处测其吸光度。加 1 滴 2mol/L 盐酸于上述 2 只比色皿中，混匀并放置 1min，再在波长 665nm 和 750nm 处测其吸光度。

六、实验数据记录和计算

1. 总 P 含量数据计算

$$C_P = \frac{m_1}{V_1} \tag{4-4}$$

式中　C_P——水样中的总磷含量，mg/L；

m_1——由标准曲线查得的磷量，μg；

V_1——所取水样体积，mL。

2. 总 N 含量数据处理

$$C_N = \frac{m_2}{V_2} \tag{4-5}$$

式中　C_N——水样中的总氮含量，mg/L；

m_2——由标准曲线查得的氮量，μg；

V_2——所取水样体积，mL。

3. 叶绿素 a 含量数据处理

酸化前：
$$A = A(665\text{nm}) - A(750\text{nm}) \tag{4-6}$$

酸化后：
$$Aa = Aa(665\text{nm}) - Aa(750\text{nm}) \tag{4-7}$$

式中　A——酸化前溶液校正吸光度；

　　　Aa——酸化后溶液校正吸光度。

在 665nm 处测得吸光度减去 750nm 处测得值是为了校正浑浊液。用下式计算叶绿素 a 的浓度（μg/L）：

$$C = 29(A - Aa)\frac{V_{\text{萃}}}{V_{\text{样}}} \tag{4-8}$$

式中　C——叶绿素 a 的浓度，μg/L；

　　　$V_{\text{萃}}$——萃取液的体积，mL；

　　　$V_{\text{样}}$——样品体积，mL。

七、注意事项

1. 采集样品时注意不能搅动沉积物，影响实验结果。
2. 可在同一水环境多处采集样品，或采集多个水环境样品，比较实验结果。

八、思考题

1. 本实验中测定的水体 N 和 P 有何主要来源？
2. 根据实验测定的 N、P、叶绿素 a 结果，查阅水污染有关资料，评价其水体富营养化程度。

实验四　沉积物有机质和黑碳含量的测定

一、实验背景

沉积物是水环境中各类颗粒物沉降集合而成的，包括矿物质的残留物、有机组成、流动相。流动相主要有孔隙水、气体、液态石油烃类。沉积物中常见的残留矿物质有硅酸盐黏土矿物、氧化物和氢氧化物、碳酸盐、磷酸盐、硫酸盐、卤化物等。有机组分包括氨基化合物、糖类及其衍生物、非极性和极性脂类、芳香烃等多环化合物、腐殖质、干酪根、甚至具有化学惰性的微塑料。其中腐殖质含有多种极性基团，能够影响环境污染物在沉积物中的吸附、分配、络合、迁移、降解等行为。

腐殖质属于天然产物，广泛存在于土壤和沉积物中。它们是动物和植物躯体长期腐烂、有机物分解或合成过程中形成的特殊物质。沉积物中的腐殖质是重要的自然胶体，约占总有机质含量的 $70\%\sim80\%$，包括胡敏素、腐殖酸、富里酸等。富里酸的分子量较小，溶于稀碱也溶于稀酸。腐殖酸只溶于稀碱不溶于稀酸。胡敏素不溶于碱。沉积物中的腐殖质常和不同的阳离子或不同形式的矿物质结合。其中游离的腐殖质可用稀碱提取，不溶于水的钙、铁、铝腐殖酸盐，可用焦磷酸钠使之转化成水溶性的钠盐。

腐殖质分子中各结构单元上有一个或多个活性基团，如羧基、酚羟基、醌基等，它们可与金属离子进行离子交换、表面吸附、螯合作用等反应，因而使重金属污染物在环境中的迁移转化过程变得复杂，并产生重大影响。

二、实验目的

1. 加深对腐殖质的认识。
2. 提取和分离富里酸和腐殖质。

三、实验原理

腐殖质可分为富里酸、胡敏素、胡敏酸。富里酸能够在广泛的 pH 值范围内与许多有机化合物和无机质发生水合反应，形成水溶性络合物。胡敏酸仅在 pH>6.5 时发生上述反应，在 pH<6.5 时不溶于水；主要存在于黏土矿物和氧化物表面，是重要的吸附剂，能够吸附有机质和无机物。胡敏素不溶于酸碱，难以提取。本实验使用稀碱和稀焦磷酸钠的混合溶液提取沉积物中的腐殖质。提取物酸化后析出腐殖酸，而富里酸仍留在酸化液中，据此可将富里酸和腐殖酸分离开。

四、实验仪器与材料

1. 仪器
(1) 水浴锅。
(2) 分析天平。
(3) 离心机。
(4) 振荡器。
(5) 马弗炉。
(6) 恒温烘箱：$0\sim150$℃。
(7) 陶瓷坩埚。
(8) 250mL 锥形瓶。
(9) 50mL 离心管。
(10) 玻璃蒸发皿。
(11) 玻璃漏斗。
2. 试剂
盐酸：优级纯。

3. 材料

（1）土壤：风干后磨碎过 80 目筛备用。

（2）氢氧化钠。

（3）焦磷酸钠。

（4）定量滤纸。

4. 混合提取液

0.2mol/L 焦磷酸钠溶液和 0.2mol/L 氢氧化钠溶液等体积混合均匀。

五、实验步骤

1. 有机质含量和黑碳含量测定

采用烧失法。先将空坩埚置于马弗炉中经 95℃灼烧 30min，取出后在干燥器中冷却 20min，称取质量，然后在相同温度中灼烧 30min，取出，冷却，称质量，如此重复直至前后两次质量相差不超过 0.5mg，即恒重，此为灼烧的空坩埚的质量 M_1；用电子天平称量 1.00g 沉积物样品于空陶瓷坩埚（质量 M_1）中，于马弗炉 550℃恒温灼烧 1h 后取出冷却，称量坩埚与残余土壤质量 M_2。坩埚置于马弗炉 900℃灼烧 2h 后取出冷却，称量坩埚与残余土壤质量 M_3。

2. 腐殖质含量测定

称取 30g 干燥后的土壤，放入 250mL 锥形瓶中，加入 100mL 混合提取液，振荡器上振荡 20min。将混合物均匀倒入 2 个离心管中，保证质量相等。离心 10min 后将上层溶液导入 250mL 锥形瓶内。用 1mol/L 盐酸溶液把瓶内溶液的 pH 值调到 3 左右。调好 pH 值后，振荡 30min。离心 10min 后将上层溶液（主要是富里酸）导入干净的 250mL 锥形瓶内备用。离心管内残渣也包含腐殖酸，因此也应保留备用。

取烘干至恒重的玻璃蒸发皿，称量其质量 G（g）。转移 20mL 富里酸溶液，用 1mol/L 氢氧化钠溶液将其 pH 值调到 7，然后放在沸水浴中蒸干。在 105℃烘箱内烘干至恒重后称量其质量 W（g）。再取一个蒸发皿作空白实验，扣除 20mL 提取液中引入的盐类重量 Q（g）。取一张定量滤纸在 105℃烘箱内烘干至恒重后称量其质量 A（g）。取出滤纸放在玻璃漏斗内。用 pH＝3 的蒸馏水把腐殖酸渣转移入漏斗内过滤。滤干后取出滤纸，在 105℃烘箱内烘干至恒重后称量其质量 B（g）。

六、实验数据记录和计算

1. 沉积物中有机质和黑碳含量的计算过程

$$有机质含量（\%）=1-\frac{M_2-M_1}{1}\times100 \qquad (4-9)$$

$$黑碳含量（\%）=\frac{M_2-M_3}{1}\times100 \qquad (4-10)$$

式中　M_1——空坩埚的质量，g；

M_2——550℃灼烧后坩埚＋土壤的质量，g；

M_3——900℃灼烧后坩埚＋土壤的质量，g。

2. 沉积物中腐殖质含量计算过程

$$富里酸含量(\%) = \frac{(W-G-Q)\times 5}{30} \times 100 \tag{4-11}$$

$$腐殖酸含量(\%) = \frac{B-A}{30} \times 100 \tag{4-12}$$

式中　W——玻璃蒸发皿＋富里酸＋盐溶质的质量，g；

G——空玻璃蒸发皿的质量，g；

Q——盐溶质的质量，g；

B——定量滤纸的质量，g；

A——定量滤纸＋腐殖酸的质量，g。

七、注意事项

1. 土壤含水量较高时，冷冻干燥方法比烘干更适合处理沉积物样品。

2. 本实验中马弗炉温度高，应小心操作，取出样品。切断电源后待马弗炉腔内温度自然降低后再缓慢打开炉门，冷却至近室温再取出样品，以免烫伤或爆炸。

八、思考题

1. 根据相似相溶原理，环境中的腐殖质、黑碳分别倾向于吸附什么类型的环境污染物？

2. 本实验提取出的富里酸、腐殖酸、黑碳等沉积物组成的外观和内部结构有何区别？

实验五　水体中有机氯农药的测定

一、实验背景

有机氯农药包括多种用于防治作物病虫害的人造化学品，泛指结构式中含有氯原子的有机化合物。主要分为以苯为原料和以环戊二烯为原料的两大类。早期使用量较大的有机氯农药有杀虫剂滴滴涕和六六六，杀螨剂三氯杀螨砜、三氯杀螨醇等，杀菌剂五氯硝基苯、百菌清、道丰宁等；后期氯丹、七氯、艾氏剂等杀虫剂也被广泛应用于农业生产中。此外以松节油为原料的莰烯类杀虫剂、毒杀芬和以萜烯为原料的冰片基氯也属于有机氯农药。有机氯农药以慢性毒性为主，主要作用于脊椎动物的神经系统、肝脏、肾脏功能等，部分有机氯农药对实验动物具有致癌性。有机氯农药由于以烃类和氯原子为主，化学结构式稳定，在环境中难以降解，生物体内酶代谢也很慢，因此具有生物蓄积性，能够沿水生食物链逐级传递并放大，是水环境中重点关注的环境污染物之一。虽然多种有机氯农药已被加入斯德哥尔摩公约的 POPs 名单并禁用，但由于有机氯农药的半衰期长，目前环境介质和生物体中仍有大量残留。

二、实验目的

1. 掌握水相和颗粒相的有机氯农药检测方法。
2. 初步了解有机氯农药类有机化合物在水环境中的液-固分配过程。

三、实验原理

水体样品通过滤膜分为两部分：溶解相和颗粒相。溶解相用液液萃取方法处理，而颗粒相则可用索氏抽提方法萃取，两相萃取后，萃取液的分离纯化过程基本一致。

（1）溶解相部分

水样经玻璃纤维滤膜过滤后再过树脂柱，随后用甲醇及二氯甲烷作为淋洗液从树脂上洗脱目标物。收集洗脱液并加入纯净水、适量氯化钠及回收率指示物，用二氯甲烷连续萃取 5 次后合并萃取液。浓缩萃取液并将其溶剂置换为正己烷。将浓缩液通过层析柱净化，并采集含有有机氯农药的组分，浓缩后转入进样瓶内定容密封保存。

（2）颗粒相部分

将附着颗粒相的玻璃纤维滤膜冷冻、干燥、称重，用丙酮/正己烷（体积比 1∶1）混合索氏抽提 48h，转移并浓缩萃取液至大约 1mL，之后过层析柱将萃取液净化分离有机氯农药组分，采集、浓缩、加内标、定容，并转移至进样瓶密封保存。

四、实验仪器与材料

1. 仪器

（1）气相色谱-质谱联用仪（Agilent 7890B-5977B）。

（2）色谱柱：DB-5MS（60m×0.25mm×0.25μm）。

（3）电子天平（精度 0.0001g）。

（4）旋转蒸发仪。

（5）超声波清洗机。

（6）氮吹仪。

（7）冷冻干燥仪。

（8）循环冷凝水仪。

（9）玻璃器皿和用品。

（10）剪刀和镊子。

（11）500mL 和 250mL 平底烧瓶。

（12）500mL 烧杯。

（13）150mL 鸡心瓶。

（14）滴管。

（15）2mL 色谱进样瓶，带聚四氟乙烯膜衬片瓶盖。

（16）100mL 量筒。

（17）450mm 玻璃层析柱，聚四氟乙烯塞子。

（18）2L 聚四氟乙烯分液漏斗。

（19）索氏抽提器。

（20）玻璃纤维滤膜（Waterman，75μm 孔径）。

（21）布氏漏斗。

2. 试剂

（1）正己烷：色谱纯。

（2）二氯甲烷：色谱纯。

（3）甲醇：色谱纯。

（4）丙酮：色谱纯。

（5）超纯水：电阻率≥18.2MΩ·cm（25℃）。

（6）盐酸：优级纯。

3. 材料

（1）滤纸。

（2）脱脂棉。

（3）80～100 目硅胶。

（4）100～200 目硅胶。

（5）XAD 树脂。

（6）无水硫酸钠。

（7）氯化钠。

（8）铜片。

4. 标样

（1）α-六六六（alpha-hexachlorocyclohexane，α-HCH）。

（2）β-六六六（beta-hexachlorocyclohexane，β-HCH）。

（3）γ-六六六（gamma-hexachlorocyclohexane，γ-HCH）。

（4）δ-六六六（delta-hexachlorocyclohexane，δ-HCH）。

（5）七氯（heptachlor）。

（6）七氯环氧烷（heptachlor epoxide）。

（7）艾氏剂（aldrin）。

（8）狄氏剂（dieldrin）。

（9）异狄氏剂（endrin）。

（10）o,p'-滴滴伊（o,p'-dichlorodiphenyldichloroethylene，o,p'-DDE）。

（11）o,p'-滴滴滴（o,p'-dichlorodiphenyldichloroethane，o,p'-DDD）。

（12）o,p'-滴滴涕（o,p'-dichlorodiphenyltrichloroethane，o,p'-DDT）。

（13）p,p'-滴滴伊（p,p'-dichlorodiphenyldichloroethylene，p,p'-DDE）。

（14）p,p'-滴滴滴（p,p'-dichlorodiphenyldichloroethane，p,p'-DDD）。

（15）p,p'-滴滴涕（p,p'-dichlorodiphenyltrichloroethane，p,p'-DDT）。

（16）硫丹Ⅰ（endosulfan Ⅰ）。

（17）硫丹Ⅱ（endosulfan Ⅱ）。

（18）PCB 24（2,3,6-Trichlorobiphenyl）。

（19）PCB 82（2,2',3,3',4-Pentachlorobiphenyl）。

上述 19 种标样在 5mL 的容量瓶中稀释至 20μg/mL 和 2μg/mL 备用。

（20）PCB 30（2,4,6-Trichlorobiphenyl）。

（21）PCB 65（2,3,5,6-Tetrachlorobiphenyl）。

上述 2 种标样在 5mL 的容量瓶中稀释至 10μg/mL 备用。

五、实验步骤

1. 空白样品的准备

（1）野外空白/采样空白

每 15 个样品插入 1 个野外空白样。在每次采样过程中带同样采水器和广口瓶，在采样地使用纯净水模拟采样步骤，再运至实验室作为野外空白。

（2）实验室空白

每 15 个样品增加 1 个实验室空白样。实验室空白样不含实际样品，使用与本方法相同的替代材料。

（3）空白加标空白和平行样

每 15 个样品增加 1 个空白加标空白样。加标空白样中加入含有目标化合物的标准溶液，但不含实际样品；每 15 个样品插入 1 个平行样，平行样一般选择含有大部分待测目标化合物浓度可检出的样品。

2. 溶解相部分

溶解性与颗粒相萃取部分不同，后续样品分离纯化过程一致。

（1）水样过膜

水样流经装有玻璃纤维滤膜过滤器过滤，将水样分成溶解相和颗粒相样品，过滤后含有颗粒相的滤纸用铝箔纸包好，放入－20℃冰箱冷冻待分析。

（2）过树脂柱

过滤后的水样通过 XAD-2 和 XAD-4（1∶1）混合树脂柱富集有机物。

（3）树脂淋洗

用 50mL 甲醇冲洗树脂柱，用 500mL 平底烧瓶接收淋洗液，重复 3 次；将已淋洗过的树脂转移至 250mL 平底烧瓶；用 50mL 甲醇/二氯甲烷（体积比 1∶1）混合液清洗空柱，清洗液并入装有树脂的 250mL 平底烧瓶中；超声清洗 250mL 烧瓶中的树脂30min，将清洗液合并；每次加入 50mL 混合液，重复超声清洗树脂 2 次，合并所有清洗液和淋洗液约 300mL。

（4）液相萃取

将上述步骤所有淋洗液转移至 2L 聚四氟乙烯分液漏斗中；定量加入回收率指示物标样（PCBs 24，82，198），加入 500mL 纯净水和适量 NaCl，每次加入 50mL 二氯甲烷震荡萃取，重复萃取步骤 5 次后合并萃取液，在萃取液中加入 10mL 纯净水振荡萃取以除去可能存在的甲醇，弃去水层。

3. 颗粒相部分

（1）水样过膜

水样流经装有玻璃纤维滤膜过滤器过滤，将水样分成溶解相和颗粒相样品，过滤后含有颗粒相的滤纸用铝箔纸包好，放入 -20℃ 冰箱冷冻待分析。

（2）冷冻干燥

将含有颗粒相的滤纸进行冷冻干燥除去水分，称重计算颗粒相质量。将干燥后的样品剪碎装入干净的滤纸筒内进行索氏抽提。

（3）索氏抽提

在烧瓶中加入 200mL 正己烷/丙酮（体积比 1∶1）的混合液，加入一定量的回收率指示物，加入一定量的活化铜片出去硫元素杂质（铜片的活化：将铜片用 10% 的盐酸浸泡，之后分别用自来水冲、纯净水清洗铜片数次，最后加入适量丙酮清洗、促进水分挥发）。调节水浴锅温度至大约 60℃，开启索氏抽提器上部冷却水，将样品放入索氏抽提器内抽提 48h，转移出抽提液至浓缩管内浓缩。

（4）氮吹浓缩

将液相萃取和索氏抽提步骤中得到的萃取液转移到浓缩管中，经氮吹浓缩仪浓缩到1mL 左右后，加入 10mL 正己烷，再浓缩到 1mL 以置换溶剂。

（5）层析分离

用 70mL 正己烷/二氯甲烷（体积比 7∶3）混合溶液冲洗层析柱，采集到浓缩管，该组分含有 OCPs。

（6）浓缩定容

样品浓缩至 1mL 定容，置换溶剂并浓缩至 0.5mL，用滴管转移至进样瓶内；用少量正己烷冲洗浓缩管壁 3 次，冲洗液用滴管转移至进样瓶；在柔和氮气流下浓缩溶液并定容至 0.5mL，压盖保存。

4. 仪器分析

使用 GC-MS 进行有机氯农药的定量，色谱柱为 DB-5MS（30m×0.25mm×0.25μm），载气 He 的压力为 10psi（1psi=6894.757Pa），升温程序为：从 80℃ 开始以12℃/min 升至 200℃，再以 1℃/min 升至 220℃，最后以 15℃/min 升至 290℃，保留5min。进样口和离子源的温度分别为 280℃ 和 250℃。进样模式为不分流，进样量为

1μL。离子源为电子轰击模式，电压为 70eV。有机氯农药等环境痕量污染物在环境介质中浓度很低，仪器响应受样品基质干扰严重。有机氯农药等环境痕量污染物在环境介质中浓度很低，仪器响应受样品基质干扰严重。为了尽可能消除人为实验和仪器操作、样品基质带来的定量误差，有机氯农药的分析一般使用内标法，标准曲线中包括目标化合物、回收率指示物、内标化合物。在本实验中采用 PCB 24 和 PCB 82 作为回收率指示物，验证在样品前处理和仪器分析过程中内标化合物的回收率。采用 PCB 30 和 PCB 65 作为内标化合物，基于目标化合物的仪器响应值定量样品中目标化合物的含量。标准曲线中对目标化合物和回收率指示物设置不同的浓度梯度，内标化合物的浓度保持不变，标准曲线的浓度梯度不少于 7 个点。不同污染物的定性/定量离子质荷比（m/z）为：DDD/DDT-235/237/165，DDE-246/248/318，HCH-181/183/219，七氯-272/237，七氯环氧烷-353/355，艾氏剂-263/220，狄氏剂-263/279，异狄氏剂-263/81，硫丹Ⅰ-195/341，硫丹Ⅱ-237/239，PCBs 24，30：m/z 256/258；PCB 65-290/292，PCB 82-324/326。本实验可参考表 4-1～表 4-3 中的标准曲线浓度与配制体积等信息。

表 4-1　有机氯农药标准曲线的浓度　　　　　单位：μg/mL

项目	储备液 1	储备液 2	浓度 1	浓度 2	浓度 3	浓度 4	浓度 5	浓度 6	浓度 7
α-六六六	20	2.00	0.01	0.02	0.05	0.10	0.20	0.50	1.00
β-六六六	20	2.00	0.01	0.02	0.05	0.10	0.20	0.50	1.00
γ-六六六	20	2.00	0.01	0.02	0.05	0.10	0.20	0.50	1.00
δ-六六六	20	2.00	0.01	0.02	0.05	0.10	0.20	0.50	1.00
七氯	20	2.00	0.01	0.02	0.05	0.10	0.20	0.50	1.00
七氯环氧烷	20	2.00	0.01	0.02	0.05	0.10	0.20	0.50	1.00
艾氏剂	20	2.00	0.01	0.02	0.05	0.10	0.20	0.50	1.00
狄氏剂	20	2.00	0.01	0.02	0.05	0.10	0.20	0.50	1.00
异狄氏剂	20	2.00	0.01	0.02	0.05	0.10	0.20	0.50	1.00
o,p'-滴滴伊	20	2.00	0.01	0.02	0.05	0.10	0.20	0.50	1.00
o,p'-滴滴滴	20	2.00	0.01	0.02	0.05	0.10	0.20	0.50	1.00
o,p'-滴滴涕	20	2.00	0.01	0.02	0.05	0.10	0.20	0.50	1.00
p,p'-滴滴伊	20	2.00	0.01	0.02	0.05	0.10	0.20	0.50	1.00
p,p'-滴滴滴	20	2.00	0.01	0.02	0.05	0.10	0.20	0.50	1.00
p,p'-滴滴涕	20	2.00	0.01	0.02	0.05	0.10	0.20	0.50	1.00
硫丹Ⅰ	20	2.00	0.01	0.02	0.05	0.10	0.20	0.50	1.00

项目	储备液 1	储备液 2	浓度 1	浓度 2	浓度 3	浓度 4	浓度 5	浓度 6	浓度 7
硫丹 II	20	2.00	0.01	0.02	0.05	0.10	0.20	0.50	1.00
PCB 24	20	2.00	0.01	0.02	0.05	0.10	0.20	0.50	1.00
PCB 82	20	2.00	0.01	0.02	0.05	0.10	0.20	0.50	1.00
PCB 30	10		0.20	0.20	0.20	0.20	0.20	0.20	0.20
PCB 65	10		0.20	0.20	0.20	0.20	0.20	0.20	0.20

表 4-2　有机氯农药标准曲线的标准品配制体积 (1)　　　　单位：μL

项目	浓度 5	浓度 6	浓度 7
总体积	1000	1000	1000
正己烷	770	485	10
α-六六六	10	25	50
β-六六六	10	25	50
γ-六六六	10	25	50
δ-六六六	10	25	50
七氯	10	25	50
七氯环氧烷	10	25	50
艾氏剂	10	25	50
狄氏剂	10	25	50
异狄氏剂	10	25	50
o,p'-滴滴伊	10	25	50
o,p'-滴滴滴	10	25	50
o,p'-滴滴涕	10	25	50
p,p'-滴滴伊	10	25	50
p,p'-滴滴滴	10	25	50
p,p'-滴滴涕	10	25	50
硫丹 I	10	25	50
硫丹 II	10	25	50

项目	浓度 5	浓度 6	浓度 7
PCB 24	10	25	50
PCB 82	10	25	50
PCB 30	20	20	20
PCB 65	20	20	20

注：储备液 1 和有机溶剂加标体积。

表 4-3　有机氯农药标准曲线的标准品配制体积（2）　　　单位：μL

项目	浓度 1	浓度 2	浓度 3	浓度 4
总体积	1000	1000	1000	1000
正己烷	865	770	485	10
α-六六六	5	10	25	50
β-六六六	5	10	25	50
γ-六六六	5	10	25	50
δ-六六六	5	10	25	50
七氯	5	10	25	50
七氯环氧烷	5	10	25	50
艾氏剂	5	10	25	50
狄氏剂	5	10	25	50
异狄氏剂	5	10	25	50
o,p'-滴滴伊	5	10	25	50
o,p'-滴滴滴	5	10	25	50
o,p'-滴滴涕	5	10	25	50
p,p'-滴滴伊	5	10	25	50
p,p'-滴滴滴	5	10	25	50
p,p'-滴滴涕	5	10	25	50
硫丹 I	5	10	25	50
硫丹 II	5	10	25	50

项目	浓度 1	浓度 2	浓度 3	浓度 4
PCB 24	5	10	25	50
PCB 82	5	10	25	50
PCB 30	20	20	20	20
PCB 65	20	20	20	20

注：储备液 2 和有机溶剂加标体积。

六、实验数据记录和计算

1. 有机氯农药浓度计算

（1）按照仪器软件标准曲线计算得到水相样品中 OCPs 浓度 C_1（ng/mL）。水相中 OCPs 的含量按照下式计算：

$$C_W = \frac{C_1 V_1}{V_2} \tag{4-13}$$

式中　C_W——水相中 OCPs 的含量，ng/m^3；

　　　C_1——水相样品中 OCPs 仪器检测浓度，ng/mL；

　　　V_1——水相样品定容体积，mL；

　　　V_2——采集的水体样品体积，m^3。

（2）按照仪器软件标准曲线计算得到水体颗粒相样品中 OCPs 浓度 C_2（ng/mL）。水体颗粒相中 OCPs 的含量按照下式计算：

$$C_P = \frac{C_2 V_3}{M} \tag{4-14}$$

式中　C_P——水体颗粒相中 OCPs 的含量，ng/m^3；

　　　C_2——水体颗粒相样品中 OCPs 仪器检测浓度，ng/mL；

　　　V_3——水体颗粒相样品定容体积，mL；

　　　M——采集的水体颗粒相质量，g。

2. 质量保证与质量控制

样品处理前加入一定量的回收率指示物，整个样品处理过程中增加野外空白、实验室空白、空白加标和平行样。每次采样过程中准备野外空白样品，采样结束后空白样品同样品一起处理和分析。计算回收率包括加标回收率和每个样品中指示物的回收率。对于空白中检出的 OCPs，检出限为空白中平均浓度加上 3 倍标准偏差。空白中没有检出的 OCPs，检出限为 10 倍仪器信噪比对应的响应值，或标准曲线的最低浓度。要求回收率指示物和目标化合物的准确度在 $80\% \sim 120\%$ 范围，平行样间的相对标准偏差小于 15%。

七、注意事项

1. 为了解实验的准确度，包括所有空白样及平行样等所有样品均可加入回收率指示物标样。回收率指示物和内标指示物的选择标准一致。

2. 为了解实验的准确度，每 15 个样品增加 1 个标准参考物质样品。标准参考物质推荐采用美国国家标准和技术研究所（National Institute of Standard and Technology，NIST）、欧洲标准局标准物质（Institute for Reference Materials and Measurements，IRMM）、中国国家标准物质中心的产品。如果无法购买标准参考物质，可采集浓度较低的基质，加入已知含量的标样，计算检测方法的回收率。

八、思考题

1. 水相和颗粒相样品中的各类有机氯农药检出率和组成有何异同？

2. 各类有机氯农药在水相和颗粒相中的分配有何规律？与有机氯农药的物理化学性质、水体和颗粒相的各项指标有何关系？

第五章

土壤地球化学实验

第一节　实验准备：样品采集、运输与保存

1. 土壤样品的采集要求

土壤样品的采集方法根据采样地污染状况和研究目的而定。区域环境背景土壤可选择网距、网格布点，区域内的网格结点数即为土壤采样点数量；城市土壤以网距 2000m 的网格布设为主，功能区布点为辅，每个网格设 1 个采样点；农田土壤根据调查目的、调查精度和调查区域环境状况等因素确定，可设土壤单元设 3~7 个。每个采样单元面积大概为 200m×200m。由于土壤本身存在着空间分布的不均一性，为更好地代表取样区域的土壤性状，采用以地块为单位，多点取样，再混合成一个混合样品。

土壤样品的常用选点方法包括对角线法、梅花点法、棋盘式法、蛇形法（图 5-1）。

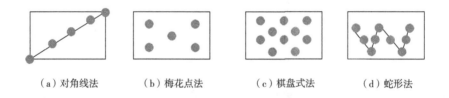

（a）对角线法　　　（b）梅花点法　　　（c）棋盘式法　　　（d）蛇形法

图 5-1　土壤样品的采样点选择方法

对角线法适用于面积小、地势平坦的污灌农田土壤；梅花点法适用于面积较小，地势平坦，土壤组成和受污染程度相对比较均匀的地块；棋盘式法适用于适宜中等面积、地势平坦，但土壤不够均匀的地块和受污泥、垃圾等固体废物污染的土壤；蛇形法适宜于面积较大、土壤不够均匀且地势不平坦的地块。

2. 土壤样品的采集与保存方法

如果实验目的是了解土壤污染一般状况，只需要取 20cm 深度的耕作层土壤和耕作层下的土壤（20~40cm）。如果了解土壤污染深度，则应按照土壤剖面分层取样。采样时间随项目而定，例如可以根据农作物不同生长阶段采集样品。采样量在 1~2kg，也可根据研究需要修订采样量。

除铵态氮、硝态氮等测试指标需要新鲜土壤样品，多数监测指标需要干燥土壤，一般采用风干或冷冻干燥方法。在部分实验中可以使用土壤湿样，一般将细颗粒土壤加入无水硫酸钠混匀。干燥剂无水硫酸钠的添加量一般为样品的 $3\sim5$ 倍。干燥土壤可贮存于玻璃或聚乙烯容器内，在常温干燥避光条件下保存。如有条件可保存于冰箱。风干法要求避光直射，风干场地周围无挥发性化学物质。冷冻干燥法能够将水分子从固相向气相直接升华，不破坏样品内部结构，也不会有土壤成分的大量挥发和散失。冷冻干燥法需要先将样品冷冻后放于冷冻干燥机内，抽真空除去固相水。

第二节　土壤地球化学实验技术

实验一　土壤的粒径分布

一、实验背景

土壤由各种粒径的颗粒物以不同比例组成。土壤按照其平均粒径可分为砾、粗砂、细砂、粉砂、黏粒。粗砂砾的比表面积小，表面吸附能力差，砂土的空隙粗，水分和养分容易随颗粒物孔隙迁移。黏土和壤土的表面吸附能力较强，对水分子的吸附能力和毛细管力都较强。土壤颗粒物表面还带有电荷，与邻近土壤水中离子形成双电子层，增强了颗粒表面的吸附能力。了解作用土壤的粒径分布，有助于确定土壤的性质，了解土壤中水、肥、气、热的保持和对植物生长的影响。土壤粒径分布对环境污染物的吸附和分配作用也有较大影响。

二、实验目的

1. 掌握筛分法测定粉尘粒径分布的方法，作出粒径分布曲线。
2. 掌握激光粒度分析仪的原理和基本知识；掌握激光粒度仪的结构和用途；熟悉马尔文激光粒度仪的使用方法和仪器特点；熟悉激光粒度仪的样品处理方法、送样要求和分析注意事项；通过对污泥粒度大小及其分布的测量，学会对激光粒度仪测试结果的分析。

三、实验原理

筛分法是用一套不同孔径的筛子进行筛分，称量每个筛子上面筛余粉尘的质量，进一步确定筛下质量累积频率。筛分法适合粗粒径土壤的分离与定量。细粒径土壤可使用粒度分析仪进行分析。激光粒度分析法是基于光的散射和衍射现象实现粒度大小及其分布测试的一种粒度分析方法。当一束单色且波长固定的激光平行照射到颗粒物时，颗粒表面对激光会产生衍射现象，在不同衍射方向产生衍射光，衍射光的角度与颗粒粒径成反比，即大颗粒的衍射光角度小，小颗粒的衍射光角度大。因此激光光束在通过不同大小颗粒时衍射光的位置信息能够反映颗粒的大小。如果某一位置激光光束的衍射光强度叠加，该处衍射光强度信息即能够反映样品中相同大小颗粒占总颗粒百分比的多少。如果能够同时获得衍射光的强度和位置信息，就可以得到颗粒物粒度分布的结果。本实验通过对土壤细粒径粒度分布的测量，了解不同粒径测试方法在解决环境问题中的应用。

激光粒度仪的工作原理如下。激光发出的单色光转换为平行光，经过样品池遇到散布其中的颗粒时，发生衍射和散射，从而在后方产生光强的相应分布，被检测器接收并转化为电信号，再经过复杂的程序处理得到颗粒粒径分布。仪器主要由激光光源、傅里叶透镜、样品池、样品分散系统、检测器、计算机及数据处理软件组成。

四、实验仪器与材料

1. 仪器

（1）LS230/VSM＋激光粒度仪。

（2）圆孔筛 1 套，直径 0.15～0.90mm（20～100 目）。

（3）百分之一天平，感量 0.01g。

（4）药匙，称量纸。

（5）恒温烘箱：0～150℃。

（6）带拍摇筛机，如无，则人工手摇。

（7）浅盘和刷（软、硬）。

（8）200mL 烧杯，玻璃棒。

2. 材料

石英砂。

五、实验步骤

1. 筛分法

（1）称取冷却后的砂样约 100g，选用 20 目、40 目、60 目、80 目、100 目、300 目筛子过筛。筛子按筛孔大小顺序排列，砂样放在最上面的一只筛中，用手晃动摇筛或置于振荡器上振荡 5～10min。

（2）称量在各个筛上的筛余粉尘试样的重量（精确至 0.01g）。所有各筛余重量与底盘中剩余试样重量之和与筛分前的试样总重相比，其差值不应超过 1％。

2. 粒度分析仪

粒径小于 50μm 的灰尘使用粒度分析仪分析粒径。开机后在样品台装满蒸馏水，仪器预热 15~20min，使用自动模式检测。分析时间一般为 60s，泵速一般为 2000r/min。分析结束后排液，并加水清洗样品台。做 3 次平行试验，记录实验结果。

六、实验数据记录和计算

1. 分别计算留在各号筛上的筛余百分率，即各号筛上的筛余量除以试样总量的百分率（精确至 0.1%）。

2. 计算通过各号筛的粉尘的筛下累积频率。

3. 根据表 5-1，以通过筛孔的砂量百分率为纵坐标，以筛孔孔径为横坐标，绘制粉尘筛分级配曲线。得到仪器的粒度平均值及分布情况。

表 5-1　筛分结果记录表

筛号	筛孔/μm	留在筛上的砂量		筛下累积频率/%
		重量/g	比例/%	
20 目	0.9			
40 目	0.45			
60 目	0.3			
80 目	0.2			
100 目	0.15			
300 目	0.05			

4. 记录粒度分析仪中结果，如平均粒径、中位数粒径、边界粒径等。

七、注意事项

1. 使用粒度分析仪前仔细阅读使用说明书，避免眼睛直视激光束，以免损伤视力。

2. 粒度分析仪周围不能有强电磁干扰，如大电感电容器件。

3. 超声池中无分散液时不能开启超声系统，分散液温度不能超过 60℃，分散液不能有腐蚀性。

八、思考题

1. 筛分法和粒度分析仪测试的重复性和准确度如何？

2. 影响不同粒度测试方法结果重复性和准确度的主要因素有哪些？

实验二 土壤中微塑料的测定

一、实验背景

环境微塑料进入人们的视野最早可以追溯到 20 世纪 70 年代，少量研究在海洋中发现了微小的塑料碎片。随后，关于环境中塑料碎片的研究报道逐渐增多，在潮间带、河口和潮下带沉积物以及地表水中检测到了大量的塑料碎片。微塑料逐渐被学术界和政府机构所关注，并迅速成为环境科学的研究热点。2008 年，美国国家海洋和大气管理局共同研讨决定将尺寸小于 5mm 的塑料碎片定义为微塑料。环境中微塑料的来源是非常广泛的，广义上可以概括为两个主要的途径，初级来源和次级来源。次级微塑料主要由大型塑料碎片通过机械磨损、生物降解以及光、热等化学氧化作用和风、浪等物理作用协同下破碎形成。通常约 0.25mm 的小塑料颗粒也广泛用作化妆品中的研磨剂和工业喷丸研磨剂。来自化妆品和清洁剂（也称为微珠）的微塑料通过下水道与工业废水或者生活污水汇聚，无法通过污水处理有效去除，易通过河流和河口进入淡水系统甚至海洋环境，进而在环境中积聚。

大块塑料碎片大都来自渔网、线纤维、薄膜、工业原料、消费品和家居用品，以及来自可降解塑料的颗粒或聚合物碎片。塑料在环境中的降解是一个缓慢而长期的过程。长时间的紫外辐射会导致塑料发生光氧化，随后进行热氧化反应并互相促进，造成聚合物的基质氧化，破坏塑料结构的完整性，并最终导致塑料裂解。上述降解过程将导致塑料中含有的添加剂释放到环境中，进而可能对环境和生物造成深远的影响。土壤环境的塑料污染来源部分与水环境相似，如日用品的塑料碎屑颗粒、活性污泥、化肥等，还有垃圾填埋场、农用塑料薄膜、轮胎磨损碎屑等。这些不同的塑料进入土壤环境，先是停留在土壤表面，而后逐渐渗透到深层土壤。

二、实验目的

1. 掌握通过浮选法分离土壤中微塑料的原理和实验操作。
2. 熟悉傅里叶变换红外光谱仪（FTIR）的基本结构和工作原理。
3. 掌握用 KBr 压片法制备固体样品进行红外光谱测定的技术和方法；通过对微塑料红外光谱图的解析，了解化合物官能团的定性分析方法。

三、实验原理

土壤、沉积物、生物消化物等样品中微塑料的提取有浮选法、消解法、热裂解等多种方法，浮选法是最常用的方法。塑料与天然矿物的密度存在差异，因此可利用重液进行分离，收集上浮的微塑料。若样品中腐殖质等杂质较多，可后续使用过氧化氢、强碱、生物酶进行消解，保留化学惰性的微塑料。微塑料的数量、颜色、粒径统计常使用立体显微镜进行观察，微塑料的材质常使用红外吸收光谱法。

红外吸收光谱法是利用物质对红外光区电磁辐射的选择性吸收特性来分析分子中基团结构的定性分析方法。当物质的分子受到频率连续变化的红外光照射时，分子会吸收某些频率的辐射，并由其振动或转动运动引起偶极矩的净变化，产生分子振动和转动能级从基态到激发态的跃迁，使相应于这些吸收区域的透射光强度减弱。记录红外光的百分透光率（或吸光度）与入射光波数或波长的关系曲线，就得到物质的红外光谱。根据光谱图中吸收峰的位置、强度和峰形，可以获知物质分子中包含哪些基团，从而推断该未知物的结构，根据峰面积对未知物进行鉴定。

压片法是实现固体粉末样品红外光谱测定的常用方法，通常将样品均匀分散于 KBr 粉末中，在油压机上压制成透明薄片进行测试。样品与 KBr 的比例为 (1∶100) ～ (1∶200)，一般选择 1mg 样品分散于 150mg KBr 中，研磨 4～5min，使样品与溴化钾混合物的粒度小于 2～2.5μm。对化合物进行官能团定性的常用方法有已知物对照法和标准谱图查对法。

傅里叶变换红外光谱仪（FTIR）是实现红外光谱分析法的常用仪器，主要由红外光源、迈克尔逊干涉仪、检测器、计算机等系统组成。光源发出的红外光（波数为 400～4000cm^{-1} 中红外区）经干涉仪处理后照射到样品上，被样品吸收后投射过的光信号被检测器检测，再经过放大器传送到计算机，由计算机对干涉信号进行傅里叶变换的数学处理，得到样品的红外光谱图。干涉仪和检测器由于使用了易潮解的溴化钾晶片容易受潮而损坏，因此红外光谱仪必须在空气湿度小于 60% 的环境中放置和使用。

四、实验仪器与材料

1. 仪器

（1）智能傅里叶红外光谱仪。

（2）HY-12 型手动液压式红外压片机及配套压片模具。

（3）磁性样品架。

（4）红外灯干燥器。

（5）显微镜。

（6）玛瑙研钵。

2. 试剂

（1）乙醇：色谱纯。

（2）丙酮：色谱纯。

（3）过氧化氢：优级纯。

3. 材料

（1）KBr（光谱纯）。

（2）氯化钠。

五、实验步骤

1. 微塑料的浮选分离

在 1L 饱和氯化钠溶液中超声处理 10g 土壤样品 10min。静置过夜后，将上清液通过 20μm 尼龙过滤膜进行过滤。将剩余样品在氯化钠溶液中的漂浮重复筛选 2 次，剩余土壤回收待下一步分析。若上浮杂质过多，可使用 100mL 的 10% 过氧化氢消解 24h，静置后过滤分离。

用超纯水对尼龙过滤膜上的样品进行洗涤，并转移到玻璃皿中，并在 40℃ 恒温箱中干燥，然后进行进一步分析。用立体显微镜对塑料碎片进行计数，挑选粒径大于 2mm 的微塑料用于后续的红外光谱分析。

2. 微塑料材料的红外光谱检测

固体试样必须干燥以驱除水分，再用玛瑙研钵研成粒度在 2.5μm 以下的细粉，不宜研磨的固体样品不能用压片法进行测试。将样品分散于溴化钾中，按样品与 KBr（1∶100）～（1∶200）的比例进行研磨混匀，装于模具内压制成近乎透明的薄片于仪器上完成测试。

取干燥的样品细粉 1～2mg 于干净的玛瑙研钵中，再加入约 150mg 干燥且已研磨成细粉的 KBr，在红外灯下一起研磨至二者完全混合均匀，并使混合物粒度在 2μm 以下，将混合物移入干净的压片模具中，堆积均匀，用手压式压片机用力加压约 30s，制成透明试样薄片。

取出试样薄片，装在磁性样品架上，放入仪器的测量室内，在选择的仪器程序下进行测定。测试参数为：波数 400～4000cm^{-1} 中红外光源，DTGS 检测器，分辨率 4cm^{-1}，扫描次数 32 次，实时背景校正模式进行测定。

六、实验数据记录和计算

1. 微塑料丰度

在显微镜下观察微塑料，记录微塑料的数量、颜色、粒径，计算微塑料丰度、粒径分布、颜色组成。

2. 微塑料材质

仔细观察得到的红外光谱图，通过基线和吸收峰的透光率判断谱图质量（合格谱图的基线透光率必须≥75%，谱图中的大多数吸收峰透光率位于 10%～80% 范围内，最强吸收峰的透光率 10%～30%），否则需要重新测试，直到谱图合格为止。对质量合格的谱图，用软件进行基线校正及适当平滑处理并校正背景中的 CO_2 吸收，最后标注主要吸收峰的波数值，储存数据谱图。使用仪器谱库对谱图进行解析和检索，并判断各主要吸收峰的归属，匹配度大于 65% 可鉴定为微塑料。

七、注意事项

1. 固体样品可以是纯物质如苯甲酸，也可以是混合物如污染的土壤、无机或有机吸附材料等。各类待测样品均需干燥并能在玛瑙研钵内研磨至粒度小于 2.5 μm。

2. 由于干涉仪和检测器使用了容易潮解的 KBr 晶体，所以湿度对仪器影响较大，实验时应控制实验室相对湿度低于 60％。空气湿度大时可打开空调及抽湿设备帮助降低房间湿度。

3. 空气中的 CO_2 和 H_2O 有较强的红外光谱，是构成背景的主要物质，如果不扣除，其谱峰会叠加在样品谱图上，影响对样品谱图的解析和判断，所以每个样品测试时都必须进行实时的背景校正。

4. 压片用 KBr 必须是分析纯及以上，使用前应研磨至 200 目以下粒径，并在 120℃以上温度下烘干至少 4g 后置于干燥器中备用。颗粒大会产生光的散射，且制备好的空白 KBr 片不透明，一般要求透光率在 75％以上。

5. 压片时试样和 KBr 的比例要合适，以使光谱图中的大多数吸收峰的透射比处于10％～80％范围内。最强吸收峰的透光率如大于 30％，则说明取样量太少。相反如最强吸收峰的透光率接近 0，则说明样品量太多，此时均应调整取样量后重新测定。

八、思考题

1. 使用氯化钠溶液作为重液进行浮选时，哪些材质的微塑料分离效果不好？
2. 土壤中的主要微塑料材质是什么，有哪些可能的来源？
3. 微塑料的老化对红外光谱鉴定材质有何影响，如何在红外光谱图中鉴定老化和未老化的塑料？

实验三　土壤中不同形态重金属的测定

一、实验背景

土壤中的重金属由于受到土壤理化性质和环境因子影响，可转变为多种形态存在于土壤中，并表现出不同的生物可利用性、毒性、环境迁徙能力、化学反应活性等。重金属的赋存形态决定了重金属的环境地球化学行为和生态效应。土壤中重金属可通过不同化学试剂提取出不同形态的物质，包括单体提取法和多级连续提取法。单体提取法通常指生物可利用萃取法，直接以选择性化学试剂萃取，如 5％ HNO_3 或 1mol/L HCl。多级连续提取法就是利用反应性不断增强的萃取剂，对不同物理化学形态重金属的选择性和专一性，逐级提取颗粒物样品中不同有效性的重金属的方法。如 Tessier 法、

Forstner 法及欧共体标准物质局（BCR）法，其中 Tessier 法应用最为广泛。

二、实验目的

1. 了解土壤中不同形态重金属分级的环境地球化学意义。
2. 掌握土壤中重金属分级提取的方法。

三、实验原理

Tessier 法将土壤中重金属赋存形态分为 5 部分：可交换态、碳酸盐结合态、铁锰氧化物结合态、有机结合态、残渣态。可交换态是指存在于沉积物表面的离子交换位的重金属，可通过盐溶液（$MgCl_2$ 或 NaAc）将其置换出来。与碳酸盐结合的重金属可以通过调节 pH 将其提取出来。铁锰氧化物在欢迎条件下不稳定，可以通过加入还原剂（$Na_2S_2O_4$）的方法将铁锰氧化物结合态提取出来。氧化条件下有机质可以被降解，同时释放出重金属，因此提取有机结合态的重金属可以采用氧化的方法（HNO_3 和 H_2O_2）。经过逐级提取后，剩余的固体残渣主要是初级和次级矿物，重金属被结合在晶格中很难被提取出来，需要采用 HF-$HClO_4$ 消解的方法提取。本实验使用 Tessier 法提取土壤在不同形态的 Cu，并使用火焰原子分光光度法测量不同形态的 Cu 含量。

四、实验仪器与材料

1. 仪器
（1）火焰原子分光光度计。
（2）恒温振荡器。
（3）离心机。
（4）酸度计。
（5）低温电热板。

2. 试剂
（1）超纯水：电阻率≥18.2MΩ·cm（25℃）。
（2）双氧水：优级纯。
（3）高氯酸：优级纯。
（4）氢氟酸：优级纯。
（5）冰醋酸：优级纯。
（6）硝酸：优级纯。

3. 材料
（1）氯化镁。
（2）醋酸钠。
（3）硫代硫酸钠。

（4）醋酸铵。

（5）柠檬酸钠。

（6）柠檬酸。

（7）金属铜（99.9％）。

五、实验步骤

1. 样品的制备

将采集的样品全部倒在玻璃板上，铺成薄层，经常翻动，在阴凉处使其自然风干。风干后的样品，用玻璃棒碾碎后，过2mm筛除去砂石和植物残体。将上述样品反复按四分法缩分，最后留下足够分析的样品，再进一步用玻璃研钵予以磨细，全部过80目筛。过筛的样品充分摇匀，装瓶备分析用。

2. 样品中重金属的分级提取

土壤中重金属的分级提取按下面方法依次进行。

（1）可交换态

1g沉积物加8mL 1mol/L $MgCl_2$（pH值为7.0）震荡提取1h，5000r/min离心20min获取提取液。

（2）盐酸盐结合态

可交换态提取后残渣加8mL 1mol/L NaAc，用HAc调节pH值至5.0，振荡提取5h，5000r/min离心20min获取提取液。

（3）铁锰氧化物结合态

碳酸盐结合态提取后残渣加20mL 0.3mol/L $Na_2S_2O_4$、0.175mol/L柠檬酸钠及0.025mol/L柠檬酸配成的混合提取剂，振荡提取5h，5000r/min离心20min获取提取液。

（4）有机结合态

铁锰氧化物结合态提取后残渣加3mL 0.02mol/L HNO_3和5mL 30％ H_2O_2，用HNO_3调节pH值至2.0，于85℃±2℃间歇振荡提取3h。再加入3mL 30％ H_2O_2（pH值为2.0，用HNO_3调节），于85℃±2℃间歇振荡提取3h。样品冷却后，加入5mL 3.2mol/L NH_4Ac和20％ HNO_3配成的混合溶液，再加水至20mL。连续振荡提取30min，5000r/min离心20min获取提取液。

（5）残渣态

有机结合态提取后残渣置于聚四氟乙烯坩埚中，用少量水冲洗内壁润湿试样后，加入HNO_3 10mL（若底质呈黑色，说明含有机质很高，则改加1+1硝酸）。待剧烈反应停止后，在低温电热板上加热分解。若反应产生棕黄色烟，说明有机质多，还要反复补加适量的硝酸，加热分解至液面平静，不产生棕黄烟。取下稍冷后加5mL HF，加热煮沸10min，取下冷却，加入5mL $HClO_4$，蒸发至近干，然后加入2mL $HClO_4$，再次蒸发至近干（不能完全干涸），残渣为灰白色。冷却，加入25mL 1％ HNO_3，煮沸溶解残渣，转移至 25mL 容量瓶中，加水至标线。摇匀备用。

（6）重金属总量

称取 1g 土壤，提取方法同残渣态。

3. 重金属的分析

（1）标准曲线的绘制

吸取 50mg/L 的铜标准溶液 0mL、0.5mL、1mL、2mL、4mL、6mL、8mL、10mL 分别置于 50mL 容量瓶中，加 2 滴 0.5mol/L 的 H_2SO_4，用水定容，其浓度分别为 0mg/L、0.5mg/L、1mg/L、2mg/L、4mg/L、6mg/L、8mg/L、10mg/L。然后在原子吸收分光光度计上测定吸光度。根据吸光度与浓度的关系绘制标准曲线。

（2）火焰原子吸收测定条件

波长 324.7nm。将沉积物中重金属提取液定容后在原子吸收分光光度计上测定吸光度。根据吸光度与浓度的关系曲线求得提取液中铜的浓度。

六、实验数据记录和计算

各级组分中铜的百分含量可通过下式计算：

$$Cu = \frac{C_i V_i}{C_T V_T} \times 100\%$$
(5-1)

式中　Cu——各级组分中铜的百分含量，%；

C_i——组分 i 提取液中铜的浓度，mg/L；

V_i——组分 i 提取液的体积，mL；

C_T——重金属总量提取液中铜的浓度，mg/L；

V_T——重金属总量提取液的体积，mL。

七、注意事项

1. 土壤样品中的重金属含量差异很大，需根据实际情况决定样品的稀释倍数，实测值必须在标准曲线的范围内。

2. 实验室可能存在重金属的背景污染，实验需检测样品空白值，保证样品空白值远低于样品实测值。

八、思考题

1. Tessier 法中将土壤中重金属分为哪几个组分？

2. 土壤中不同形态的重金属迁移能力和植物吸收能力有何差异？

实验四　土壤中石油烃的测定

一、实验背景

石油烃及其同系物如 PAHs 是土壤中主要污染物类型。2014 年公布的《全国土壤污染状况调查公报》显示，我国采油区土壤中主要污染物为石油烃和多环芳烃（PAHs），化工类园区及周边土壤的主要污染物为 PAHs。石油烃污染场地已经成为国内外重点关注的工业污染场地类型之一。为加强对土壤中石油烃类污染物的风险管控，生态环境部已将石油烃类列为土壤中的主要污染项目并加以限制。

石油主要由碳、氢、硫、氮、氧等无机元素和多种微量金属元素组成，是一种含有多种烃类（正烷烃、支链烷烃、环烷烃、芳香烃）及少量其他有机物（硫化物、氮化物、环烷酸类等）的复杂混合物。烃类是其中重要的组成成分，包括苯系化合物（BTEXs）、PAHs 等。由于每种烃类的组分含量测定不具有实际可操作性，因而常用总石油烃来衡量这类物质的总量。石油烃中烃类占绝大部分，且以烷烃和环烷烃为主。在石油烃的污染监测及生态风险评估中，常选择几种典型烃类作为污染指示物。芳香烃（包含单环芳烃和多环芳烃）所占比例很小（5%～10%），但是往往毒性较高，是石油烃污染场地土壤中常见的指示污染物。常用石油烃的测定方法包括重量法、分光光度法、气相色谱法、高效液相色谱法、气相色谱-质谱法等。

二、实验目的

1. 学习和掌握土壤中石油烃的前处理基本原理和方法。
2. 学习和了解紫外分光光度法测定土壤中石油烃类物质的原理和方法。
3. 初步了解土壤中石油烃污染的影响因素。

三、实验原理

土壤中的石油烃采用适合的萃取方法（索氏提取、超声溶剂萃取、加速溶剂萃取等）提取，根据样品的基质干扰情况选择合适的净化方法（铜粉脱硫、硫酸镁柱），对提取液净化，再浓缩、定容。石油烃及其产品在紫外光区有特征吸收，带有苯环的芳香族化合物主要吸收波长为 250～350nm，具体特征吸光波长值需预实验确定。

四、实验仪器与材料

1. 仪器设备
（1）电子分析天平。

（2）马弗炉。

（3）涡旋仪。

（4）超声波清洗机。

（5）电热鼓风恒温干燥箱。

（6）低速自动离心机。

（7）陶瓷坩埚（30mL）。

（8）塑料离心管（10mL）。

（9）玻璃比色管（25mL）。

（10）玻璃移液管（5mL和10mL）。

（11）滴管若干。

2. 实验材料

（1）正己烷：色谱纯。

（2）甲苯：色谱纯。

3. 石油烃储备液

准确称量石油烃25mg溶于甲苯中，定容至25mL容量瓶内，稀释至标线，储存于4℃冰箱中。溶液浓度为1mg/mL石油烃。

4. 石油烃使用液

临用前把上述储备液用正己烷稀释20倍，使溶液中石油烃的浓度为50μg/mL。

五、实验步骤

1. 土壤样品的有机质和黑碳含量

采用烧失法。用电子天平称量1.00g土壤样品于陶瓷坩埚（质量M_1）中，于马弗炉550℃恒温灼烧1h后取出冷却，称量坩埚与残余土壤质量M_2。坩埚置于马弗炉900℃灼烧2h后取出冷却，称量坩埚与残余土壤质量M_3。

2. 土壤样品中石油烃的萃取

用电子天平称量2.00g土壤样品于塑料离心管中。加入6mL正己烷，涡旋30s。塑料离心管放入超声清洗机中超声萃取10min。离心管在3000r/min转速下离心3min，转移上清液到25mL比色管中。重复上述正己烷萃取土壤的步骤一次（加入6mL正己烷，涡旋30s，超声萃取10min，转移上清液），转移上清液至25mL比色管中。

3. 石油烃的检测

用正己烷稀释萃取液至容量瓶标线。

标准曲线的绘制：向7个25mL比色管中分别加入0.5mL、1mL、1.5mL、2.5mL、3.5mL、5mL、7.5mL的使用液，用正己烷稀释至标线。在选定波长处，用10mm石英比色皿，以正己烷为参比测定吸光度，经空白校正后，绘制标准曲线。在选定的波长处，用10mm石英比色皿，以正己烷为参比，测定污染土壤萃取液的吸光度。由污染土壤测得的吸光度，减去空白的吸光度后，从标准曲线上查出相应的石油烃含量。

六、实验数据记录和计算

1. 沉积物中有机质和黑碳含量的计算

$$有机质含量(\%) = 1 - \frac{M_2 - M_1}{1} \times 100 \tag{5-2}$$

$$黑碳含量(\%) = \frac{M_2 - M_3}{1} \times 100 \tag{5-3}$$

式中　M_1——空坩埚的质量，g；

M_2——550℃灼烧后坩埚＋土壤的质量，g；

M_3——900℃灼烧后坩埚＋土壤的质量，g。

2. 多环芳烃的浓度计算

$$\rho = \frac{M_{烃}}{M_{土}} \tag{5-4}$$

式中　ρ——石油烃浓度，mg/kg；

$M_{烃}$——从标准曲线上查出相应石油烃的质量，mg；

$M_{土}$——土壤的质量，kg。

七、注意事项

1. 石油烃的前处理实验中只能使用玻璃或聚四氟乙烯材质的器材，尽量避免使用聚乙烯等材质，以免正己烷萃取塑料添加剂影响实验结果。

2. 正己烷、甲苯等有机溶剂挥发性强，具有弱毒性，实验操作应全程在通风橱中进行。

八、思考题

1. 不同土壤样品中的石油烃含量是否符合正态分布，采用何种统计学方法进行检验？

2. 土壤中石油烃浓度与有机质、黑碳含量间是否具有相关性？

实验五　土壤中甾醇的测定

一、实验背景

甾醇因为其呈固态又被称为固醇，是以环戊烷全氢菲为骨架的一种醇类化合物。甾醇分为植物甾醇、动物甾醇、菌类甾醇等。植物甾醇包括 4-无甲基甾醇、4-甲基甾醇、

4,4′-甲基甾醇三类，主要存在于植物种子中。动物甾醇以胆固醇为主，主要分布在动物细胞和组织中，胆固醇在植物根茎叶花和种子中也普遍存在。菌类甾醇有麦角甾醇等，多见于霉菌、蘑菇中。

粪甾醇只能够来源于生物污水的排放和不同类型动物的粪便，因此常被用于水体、土壤、沉积物等环境介质中污染的分子指示物。其中粪醇的来源简单且具有特异性，是最受关注的分子标志物。粪醇主要来源于人类排泄的粪便，其他动物粪便中含量较低。猫狗猪牛等粪便所含粪醇种类与人类粪便相似，但含量远低于人类粪便粪醇。植食性动物粪便中主要甾醇为谷甾醇。自然界中的粪甾醇为 5α-粪甾醇结构，能够在环境中稳定存在。只有厌氧微生物能够将胆固醇氢化还原为粪醇等 5β-粪甾醇化合物，因此 5β-粪甾醇化合物可以作为环境中粪便污染的指示物。

二、实验目的

1. 掌握提取和分离土壤中甾醇的方法。
2. 了解甾醇类物质作为环境污染生物标志物的应用价值。

三、实验原理

沉积物样品冷冻干燥后，磨碎过筛，称重，用丙酮-正己烷混合液索氏抽提 48h，转移抽提液至浓缩管，浓缩萃取液并将其溶剂置换为正己烷。将浓缩液通过层析柱分离为烷烃、芳烃、甾醇等组分，甾醇组分浓缩后转移至细胞瓶，加入内标衍生化后定容。

四、实验仪器与材料

1. 仪器

(1) 气相色谱-质谱联用仪（Agilent 7890B-5977B）。

(2) 色谱柱：DB-5MS（60m×0.25mm×0.25μm）。

(3) 电子天平（精度 0.0001g）。

(4) 旋转蒸发仪。

(5) 超声波清洗机。

(6) 氮吹仪。

(7) 冷冻干燥仪。

(8) 循环冷凝水仪。

(9) 玻璃器皿和用品。

(10) 剪刀和镊子。

(11) 500mL 平底烧瓶。

(12) 150mL 鸡心瓶。

(13) 滴管。

(14) 2mL 色谱进样瓶，带聚四氟乙烯膜衬片瓶盖。

（15）100mL 量筒。

（16）450mm 层析柱。

（17）索氏抽提器。

（18）滤纸、脱脂棉。

（19）布氏漏斗。

（20）研钵和 200 目筛子。

2. 试剂

（1）正己烷：色谱纯。

（2）二氯甲烷：色谱纯。

（3）甲醇：色谱纯。

（4）丙酮：色谱纯。

（5）超纯水：电阻率≥18.2MΩ·cm（25℃）。

3. 材料

（1）无水硫酸钠。

（2）衍生化试剂 N,O-双（三甲基硅烷基）三氟乙酰 ［N,O-bis(trimethylsilyl)trifluoro acetamide，BSTFA］。

（3）80～100 目硅胶。

（4）100～200 目硅胶。

4. 标样

（1）粪醇（coprosterol）。

（2）粪酮（coprostanol）。

（3）胆固醇（cholesterol）。

（4）二氢胆固醇（cholestanol）。

（5）菜油甾醇（campesterol）。

（6）豆甾醇（stigmasterol）。

（7）谷甾醇（β-sitosterol）。

（8）5-pregan-3-ol 固体标样。

上述标样在 5mL 的容量瓶中稀释至 20μg/mL 和 2μg/mL 备用。

（9）cholesterol-d_6 固体标样。

上述标样在 5mL 的容量瓶中稀释至 10μg/mL 备用。

五、实验步骤

1. 空白样品的准备

（1）野外空白/采样空白

每 15 个样品插入 1 个野外空白样。在每次采样过程中带同样采水器和广口瓶，在采样地使用纯净水模拟采样步骤，再运至实验室作为野外空白。

（2）实验室空白

每 15 个样品增加 1 个实验室空白样。实验室空白样不含实际样品，使用与本方法相同的替代材料。

（3）空白加标空白和平行样

每 15 个样品增加 1 个空白加标空白样。加标空白样中加入含有目标化合物的标准溶液，但不含实际样品；每 15 个样品插入 1 个平行样，平行样一般选择含有大部分待测目标化合物浓度可检出的样品。

2. 将干燥后的样品磨碎并过筛。

3. 过筛后的样品称重，装入干净的滤纸筒内包好。

4. 索氏抽提

在烧瓶中加入 200mL 正己烷/丙酮（体积比 1∶1）的混合液；加入一定量的回收率指示物；加入一定量的活化铜片除硫。铜片的活化步骤：将铜片用剪刀剪碎，用 10% 的盐酸浸泡，直到铜片表面光亮，用自来水冲洗铜片数次去除盐酸，加入纯净水冲洗数次去除自来水，加入适量丙酮洗涤数次以去除水分。

调节水浴锅温度至大约 60℃，开启索氏抽提器上部冷却水，将样品放入索氏抽提内抽提 48h，转移出抽提液至浓缩管内以待浓缩。

5. 浓缩并转换溶剂

将萃取液转移到浓缩管中，用铝箔纸盖住浓缩管顶端以防止浓缩过程中的灰尘或水分进入，放入浓缩仪中，铝箔纸上端打开几个豁口，打开浓缩仪浓缩萃取液。此过程需要控制氮气流的速度，如果过快，不仅易于浓缩仪上端冷凝水滴进入样品（挥发吸热，造成系统内温度降低，水蒸气会凝结），而且部分易挥发的目标化合物也会有损失，如果速度过慢则延长浓缩时间；经氮吹浓缩仪浓缩到 1mL 左右后，加入 10mL 正己烷，再浓缩到 1mL 以置换溶剂。

6. 层析分离

（1）层析柱的制备

干净的层析柱放置于铁架台上，将干净的聚四氟乙烯塞子装入层析柱底端，层析柱底端放入少许脱脂棉并用玻璃棒压实，用正己烷淋洗层析柱，再加入约 10mL 正己烷关闭塞子，在距层析柱底端 6cm 处和 18cm 处用记号笔做标记，用滴管往层析柱内加入处理后的中性氧化铝，不断敲击色谱柱直到加入 6cm 高度的氧化铝。用滴管往层析柱内加入处理后的中性硅胶，不断敲击色谱柱直到加入 12cm 高度的氧化铝。硅胶上端加入 1cm 长的无水硫酸钠以除去样品萃取液中的水分杂质。

（2）样品的净化和分离

打开聚四氟乙烯塞子，将层析柱内多余的正己烷流至硅胶顶端后关闭塞子，将收集到的浓缩淋洗液转移至柱头，打开聚四氟乙烯塞子，液面达到硅胶顶端时关闭塞子，分别用 2mL 正己烷清洗浓缩管，清洗液转移至柱头，打开塞子让液面流至硅胶顶端处关闭塞子，重复 3 次。用 90mL 正己烷/二氯甲烷（体积比 7∶3）混合液溶剂冲洗层析柱。

用 50mL 正己烷/二氯甲烷（体积比 1∶1）混合液溶剂冲洗层析柱，收集到 150mL 鸡心瓶，再用 50mL 甲醇冲洗层析柱，合并收集到鸡心瓶，此组分中含有甾醇组分。

7. 浓缩定容

第三组分冲洗液旋转蒸发浓缩至约 3mL，用少量二氯甲烷将鸡心瓶内溶液转移至 2mL 色谱进样瓶，并使用少量二氯甲烷清洗鸡心瓶壁，清洗液转移至进样瓶，在氮吹浓缩仪下浓缩至近干。

8. 衍生化和定容

向进样瓶中加入 0.1mL 的 N,O-双（三甲基硅烷基）三氟乙酰衍生化试剂，加入一定量的 cholesterol-d$_6$ 作为内标，在 60℃ 水浴锅中衍生化 2h，用正己烷定容到 0.5mL，冷藏保存待进样。

9. 仪器分析

使用 GC-MS 进行甾醇的定量，色谱柱为 DB-5MS（30m×0.25mm×0.25μm），升温程序为：从 80℃ 开始以 20℃/min 升至 250℃，保留 10min，再以 5℃/min 升至 290℃，保留 10min。进样口的温度从 100℃ 开始，以 100℃/min 升至 280℃。进样模式为不分流。离子肼和传输线温度分别为 190℃ 和 280℃，离子源为电子轰击模式，电压为 70eV。甾醇类化合物的定性/定量离子质荷比 m/z 为：粪醇-370/373，粪酮-315/316，胆固醇-395/396，二氢胆固醇-395/396，菜油甾醇-383/384，豆甾醇-395/396，谷甾醇-397/398，5-pregan-3-ol-426/427，cholesterol-d$_6$-386/387。

甾醇等环境生物标志物在环境介质中浓度很低，仪器响应受样品基质干扰严重。为了尽可能消除人为实验和仪器操作、样品基质带来的定量误差，甾醇的分析一般使用内标法，标准曲线中包括目标化合物、回收率指示物、内标化合物。在本实验中采用 5-pregan-3-ol 作为回收率指示物，验证在样品前处理和仪器分析过程中内标化合物的回收率。采用 cholesterol-d$_6$ 作为内标化合物，基于目标化合物的仪器响应值定量样品中目标化合物的含量。标准曲线中对目标化合物和回收率指示物设置不同的浓度梯度，内标化合物的浓度保持不变，标准曲线的浓度梯度不少于 7 个点。本实验可参考表 5-2～表 5-4 中的标准曲线浓度与配制体积等信息。

表 5-2　甾醇标准曲线的浓度　　　　　　　　　　　　　单位：μg/mL

项目	储备液 1	储备液 2	浓度 1	浓度 2	浓度 3	浓度 4	浓度 5	浓度 6	浓度 7
粪醇	20	2.00	0.01	0.02	0.05	0.10	0.20	0.50	1.00
粪酮	20	2.00	0.01	0.02	0.05	0.10	0.20	0.50	1.00
胆固醇	20	2.00	0.01	0.02	0.05	0.10	0.20	0.50	1.00
二氢胆固醇	20	2.00	0.01	0.02	0.05	0.10	0.20	0.50	1.00
菜油甾醇	20	2.00	0.01	0.02	0.05	0.10	0.20	0.50	1.00
豆甾醇	20	2.00	0.01	0.02	0.05	0.10	0.20	0.50	1.00

项目	储备液1	储备液2	浓度1	浓度2	浓度3	浓度4	浓度5	浓度6	浓度7
谷甾醇	20	2.00	0.01	0.02	0.05	0.10	0.20	0.50	1.00
5-pregan-3-ol	20	2.00	0.01	0.02	0.05	0.10	0.20	0.50	1.00
cholesterol-d$_6$	10		0.20	0.20	0.20	0.20	0.20	0.20	0.20

表 5-3　甾醇标准曲线的标准品配制体积（1）　　　　　单位：μL

项目	浓度5	浓度6	浓度7
总体积	1000	1000	1000
正己烷	900	780	380
粪醇	10	25	50
粪酮	10	25	50
胆固醇	10	25	50
二氢胆固醇	10	25	50
菜油甾醇	10	25	50
豆甾醇	10	25	50
谷甾醇	10	25	50
5-pregan-3-ol	10	25	50
cholesterol-d$_6$	20	20	20

注：储备液1和有机溶剂加标体积。

表 5-4　甾醇标准曲线的标准品配制体积（2）　　　　　单位：μL

项目	浓度1	浓度2	浓度3	浓度4
总体积	1000	1000	1000	1000
正己烷	940	900	780	380
粪醇	5	10	25	50
粪酮	5	10	25	50
胆固醇	5	10	25	50
二氢胆固醇	5	10	25	50
菜油甾醇	5	10	25	50
豆甾醇	5	10	25	50
谷甾醇	5	10	25	50

项目	浓度 1	浓度 2	浓度 3	浓度 4
5-pregan-3-ol	5	10	25	50
cholesterol-d$_6$	20	20	20	20

注：储备液 2 和有机溶剂加标体积。

六、实验数据记录和计算

1. 土壤中甾醇浓度计算

按照仪器软件标准曲线计算得到样品中甾醇浓度 C_1。土壤中甾醇的含量按照下式计算：

$$C_S = \frac{C_1 V_1}{V_2} \tag{5-5}$$

式中　C_S——土壤中甾醇的含量，ng/g；

　　　C_1——样品中甾醇的仪器检测浓度，ng/mL；

　　　V_1——样品定容体积，mL；

　　　V_2——分析的土壤样品质量，g。

2. 质量保证与质量控制

样品处理前加入一定量的回收率指示物，整个样品处理过程中增加野外空白、实验室空白、空白加标和平行样。每次采样过程中准备野外空白样品，采样结束后空白样品同样品一起处理和分析。计算回收率包括加标回收率和每个样品中指示物的回收率。对于空白中检出的甾醇，检出限为空白中平均浓度加上 3 倍标准偏差。空白中没有检出的甾醇，检出限为 10 倍仪器信噪比对应的响应值，或标准曲线的最低浓度。要求回收率指示物和目标化合物的准确度在 80%～120% 范围，平行样间的相对标准偏差小于 15%。

七、注意事项

1. 为了解实验的准确度，包括所有空白样及平行样等所有样品均可加入回收率指示物标样。回收率指示物和内标指示物的选择标准一致。

2. 为了解实验的准确度，每 15 个样品增加 1 个标准参考物质样品。标准参考物质推荐采用美国国家标准和技术研究所（National Institute of Standard and Technology，NIST）、欧洲标准局标准物质（Institute for Reference Materials and Measurements，IRMM）、中国国家标准物质中心的产品。如果无法购买标准参考物质，可采集浓度较低的基质，加入已知含量的标样，计算检测方法的回收率。

八、思考题

1. 土壤中的主要甾醇是哪几种？污染源分别是什么？

2. 为什么要对甾醇进行衍生化再进行仪器测试？衍生化反应有哪些注意事项？

实验六　土壤中抗生素的吸附-解吸实验

一、实验背景

抗生素被广泛应用于治疗各种微生物引起的人类和动物疾病。常见的抗生素类型包括四环素类、喹诺酮类、大环内酯类、氨基糖苷类等。土壤中的抗生素有多种来源，包括污泥堆肥、禽畜粪便利用、灌溉用水等。未能完全生物降解的抗生素会通过雨水淋溶、施肥、污泥资源化利用、废水灌溉途径在土壤介质中传播，影响微生物群落结构，诱导抗性基因的产生和传播，并进而干扰土壤健康和物质循环。土壤中的抗生素会经历吸附、解析、浸出、降解等过程。其中吸附-解析过程与抗生素的环境迁移及输送至水体和植物吸收有关，吸附作用影响抗生素的生物有效性及其对微生物的毒性效应，影响土壤生物多样性。土壤中抗生素的吸附-解析行为与有机质、黑碳等土壤成分，抗生素物理化学性质，温度、湿度、pH 值、离子强度等环境因子有关。

二、实验目的

1. 掌握抗生素检测的样品前处理与仪器分析方法。
2. 了解环境介质对污染物的吸附和解析热力学与动力学过程。

三、实验原理

本实验分为两部分。第一部分抗生素的吸附实验中，首先模拟土壤吸附抗生素的过程，在恒定温度、恒定抗生素浓度条件下测试不同时间点的抗生素吸附量，了解吸附动力学过程参数，然后测定不同抗生素浓度下的抗生素吸附量，了解吸附热力学过程。土壤中抗生素的吸附量由实验前后溶液中的抗生素浓度差值计算所得。实验所测得结果采用动力学方程进行拟合，并比较拟合相关系数大小来评价模型拟合的优势。第二部分抗生素的解析实验中，使用第一部分的已吸附抗生素样品开展抗生素的解析效率研究。样品通过离心、过膜后使用高效液相色谱进行定量。

四、实验仪器与材料

1. 仪器

(1) 高效液相色谱，配紫外检测器（Agilent 1290）。

(2) 色谱柱 Inertsil ODS-SP（250mm×4.6mm×5μm）。

(3) 恒温水浴摇床。

（4）高速离心机。

2．试剂

（1）甲醇：色谱纯。

（2）乙醇：色谱纯。

（3）乙腈：色谱纯。

（4）草酸：优级纯。

（5）盐酸：优级纯。

（6）超纯水：电阻率$\geqslant 18.2 M\Omega \cdot cm$（25℃）。

3．材料

（1）0.22μm聚乙烯滤膜。

（2）50mL特氟龙离心管。

（3）氢氧化钠。

（4）氯化钙。

4．标样

（1）四环素。

（2）磺胺嘧啶。

（3）红霉素。

（4）抗生素储备液：红霉素溶于乙醇，磺胺嘧啶溶于1mL氢氧化钠并用甲醇定容，四环素溶于超纯水中。终浓度为100mg/L。

五、实验步骤

1．吸附动力学实验

称取0.5g土壤样品于50mL特氟龙离心管中，分别加入5mL的不同抗生素溶液，溶液浓度均为5mg/L。加入0.01mol/L的氯化钙溶液定容至25mL，使土壤溶液pH值接近7，得到的抗生素最终浓度为1mg/L。在恒温水浴摇床中以250r/min的频率、25℃下摇晃均匀。在0min、5min、10min、15min、30min、1h、2h、4h、6h、12h、24h摇晃时间后取样，在10000r/min下离心10min分离上清液。上清液经过0.22μm聚乙烯滤膜过滤后，定容于1.5mL的棕色进样瓶中，测定滤液中的抗生素浓度。为了防止抗生素在水相中降解，在滤液中加入6mol/L的盐酸至pH值在2~3之间，避光保存。

2．吸附热力学实验

取0.5g土壤样品于50mL离心管中，分别加入5mL不同浓度的同种抗生素溶液（0.01mol/L的氯化钙溶液），使土壤悬浊液中抗生素的起始浓度梯度为1mg/L、2mg/L、4mg/L、6mg/L、8mg/L、10mg/L。温度设定为25℃，在恒温摇床下避光振荡平衡24h（250r/min）后，在10000r/min下离心10min取上清液，上清液经过0.22μm聚乙烯滤膜过滤后，定容于1.5mL的棕色进样瓶中，测定滤液中的抗生素浓度。为了防止抗生素在水相中降解，在滤液中加入 6mol/L 的盐酸至 pH 值在 2～3 之间，避光保存。用吸附前后溶液中抗生素的浓度差计算得到土壤对抗生素的吸附量，实验所测的结果采用 Freundlich 和 Langmuir 等温吸附方程拟合，并得出土壤吸附特征常数。

3. 解析实验

在吸附实验完成后进行解吸实验，加入 25mL 的 0.01mol/L 氯化钙溶液，在恒温水浴摇床中以 250r/min 转速和 25℃温度下摇晃 24h。解析过程结束后，在 10000r/min 下离心 10min 取上清液，上清液经过 0.22μm 聚乙烯滤膜过滤后，定容于 1.5mL 的棕色进样瓶中，测定滤液中的抗生素浓度。为了防止抗生素在水相中降解，在滤液中加入 6mol/L 的盐酸至 pH 值在 2～3 之间，避光保存。解吸前后溶液中抗生素浓度差即为土壤对抗生素的解析量。

4. 抗生素的测定

使用高效液相色谱法测定四环素、磺胺嘧啶和红霉素的浓度。高效液相色谱仪（HPLC）配置紫外检测器、色谱柱为 Inertsil ODS-SP（250mm×4.6mm×5μm）。四环素检测方法：采用甲醇/乙腈（2/3）溶液：0.01mol/L 草酸＝4∶6 体积比作为流动相，流速为 1mL/min，进样量为 20μL，柱温为 25℃，检测波长为 350nm，该色谱条件下保留时间为 6～8min。磺胺嘧啶：采用甲醇：水＝2∶8 体积比作为流动相，流速为 1mL/min，进样量为 20μL，柱温为 25℃，检测波长为 210nm，该色谱条件下保留时间为 6min。抗生素标准曲线的浓度见表 5-5。

表 5-5　抗生素标准曲线的浓度　　　　　　　　　　单位：mg/L

项目	浓度 1	浓度 2	浓度 3	浓度 4	浓度 5	浓度 6	浓度 7
四环素	0.1	0.2	0.5	1	2	5	10
磺胺嘧啶	0.1	0.2	0.5	1	2	5	10
红霉素	0.1	0.2	0.5	1	2	5	10

六、实验数据记录和计算

1. 吸附动力学参数

所测得结果分别采用一级动力学方程、二级动力学方程拟合实验数据，从而研究不同抗生素在土壤上的吸附动力学特性，并通过对拟合相关系数 r 值比较拟合度的优劣。

这两种动力学方程模型如下：

一级动力学方程：　　　　　$\ln C_t = \ln C_0 + K_d t$ 　　　　　　(5-6)

二级动力学方程：　　　　　$\dfrac{1}{C_0} - \dfrac{1}{C_t} = K_d t$ 　　　　　　(5-7)

式中　C_0——抗生素的初始浓度，mg/L；

C_t——时间 t 时抗生素的浓度，mg/L；

K_d——吸附动力学常数；

t——吸附时间，h。

2. 吸附热力学参数计算

溶液中的抗生素浓度采用高效液相色谱法测定，采用吸附量描述土壤稳定抗生素的情况，计算公式如下：

$$Q_t = \frac{(C_0 - C_t)V}{M} \tag{5-8}$$

式中　Q_t——土壤中抗生素的吸附量，mg/kg；

C_0——抗生素的初始浓度，mg/L；

C_t——时间 t 时抗生素的浓度，mg/L；

V——溶液体积，L；

M——土壤的质量，kg。

$$吸附率 = \frac{(C_0 - C_e) \times 100\%}{C_0} \tag{5-9}$$

式中　C_0——抗生素的初始浓度，mg/L；

C_e——抗生素的吸附平衡浓度，mg/L。

$$解析率 = \frac{C_e}{C_0 - C_e} \times 100\% \tag{5-10}$$

式中　C_0——抗生素的初始浓度，mg/L；

C_e——抗生素的吸附平衡浓度，mg/L。

分别以 Freundlich 吸附等温方程和 Langmuir 吸附等温方程对抗生素的土壤吸附热力学实验数据进行拟合，确定与实验结果符合的等温方程。得到 3 种抗生素在土壤上的吸附常数和相关系数，使用方程模拟吸附数据，通过数据拟合得到模型参数 K_f、K_d、n，在不同条件下对比模型的显著性结果 r。计算方程如下：

Langmuir 吸附等温方程：

$$Q_e = \frac{Q_m K_L C_e}{1 + K_L C_e} \tag{5-11}$$

式中　Q_e——吸附平衡时土壤中抗生素浓度，mg/kg；

C_e——吸附平衡时溶液中的抗生素浓度，mg/L；

K_L——吸附平衡常数，与吸附剂结合位点的亲和力有关，该模型只对均匀表面有效；

Q_m——单层饱和吸附量，mg/kg。

Freundlich 吸附等温方程：

$$Q_e = K_f C_e^{1/n} \tag{5-12}$$

式中　K_f——Freundlich 吸附平衡常数，与吸附剂结合位点的亲和力有关；

n——Freundlich 吸附平衡常数，指示吸附过程的效率。

七、注意事项

1. 在吸附解析实验中，最好设置 3～5 个平行样，给出实验的平均值和标准偏差结果，使用平均值进行数据拟合，实验结果的相对偏差应小于 15％。

2. 本实验包括多组动力学和热力学实验，时间较长。实验结束后应尽快进行抗生素的浓度测试，如果保存时间较短，可对样品进行酸化，并避光放置。

八、思考题

1. 不同抗生素的土壤吸附和解析数据有何异同？分别适合何种动力学和热力学参数？

2. 不同抗生素的物理化学性质对抗生素在土壤中的吸附和解析过程有何影响？

第六章
生物地球化学实验

第一节　实验准备：样品采集、运输与保存

1. 植物样品的采集

植物样品首先应有代表性，需要研究地植被的优势生长物种，能够代表一定范围污染情况；同时应具有典型性，所采集的植株部位能充分反映所要了解的情况。例如可根据研究需要分别采集植株的不同部位，如根、茎、叶、果实，不能将各部位样品随意混合，以掌握不同时期的污染状况和对植物生长的影响。对于旱地植物，采集植物根系样品时应尽量保持根系的完整，在去除根部附着泥土时尽量不损失须根。带回实验室后及时用水洗净根系样品，但不可浸泡于水中，并及时用纱布擦干。水生植物中的挺水植物和湿生植物可区分不同组织采集，沉水植物和漂浮植物采集全株。如果要分析新鲜植物样品，需要在采样后用清洁潮湿的纱布包好，以免水分蒸发而萎蔫。带回实验室后如用新鲜样品进行测定，应立即处理和分析。当天不能分析完的样品可暂时保存在冰箱内。如用干样品进行测定，则将新鲜样品放在干燥通风处晾干，清洗去除泥土等杂质，磨碎成粉后通过 2mm 滤筛，避光储存备用，有条件时尽量冷冻保存。

2. 动物样品的采集

个体较小的无脊椎动物如昆虫、蚯蚓、虾、蟹、贝类可按照目标化合物污染情况进行样品合并，合并前尽量去除动物的消化道，避免食物残渣和土壤、沉积物对最终污染检测结果的干扰。脊椎动物个体较大，需根据目标污染物类型选择合适的组织或器官开展实验。根据污染物在动物体内的分布规律，可选择采集动物各内脏、骨骼、血液，由于受到动物伦理学限制，大批量样品的采集应优先考虑非侵入性样品的采集，如毛发（鸟类羽毛）、排泄物、角质（外壳、趾）等作为样品进行污染物分析测定。

污染物在动物组织器官中的分配取决于动物组织性质、化合物性质、代谢清除三方面。半衰期是指污染物被清除一半含量所用的时间，用来表示代谢清除的速率。半衰期决定污染物的生物富集能力，动物组织中的水、无机盐、脂肪、蛋白质等基本成分和污染物物理化学性质决定了环境污染物的蓄积靶器官。简单来说，化合物的性质可分为亲水、亲脂、亲蛋白三类，即在生物体中与水、脂肪（多为甘油三酯）、蛋白质亲和力强，紧密结合。例如乙醇、滴滴涕、甲基汞分别属于亲水、亲脂、亲蛋白，因为乙醇分子量

小，且带有易溶于水的羟基。滴滴涕是典型的有机物，不含亲水基团。甲基汞容易与金属硫蛋白结合。根据动物组织分配的房室模型，外源化合物进入生物体后优先分配至血液灌流充分的器官，如肝脏、肾脏、心脏，然后分配至血液灌注不充分的器官，如脂肪、骨骼、皮肤（图 6-1）。

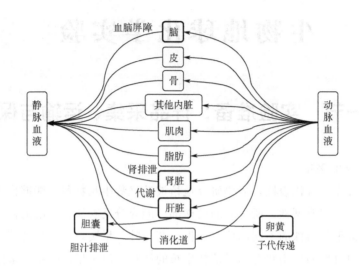

图 6-1　环境污染物的动物组织分配

易溶于水的污染物很容易通过消化液进入生物体，并随血液迅速传播至全身，但排泄速率也很快，大多随尿液和粪便排出，少数残留的污染物也容易被肝脏代谢，代谢产物的排泄速率更快。它们的分配可参考抗生素类，大部分抗生素易溶于水便于吸收，几小时内在血液中含量达到峰值，并快速被肝脏代谢和排泄。大部分有机物，包括农药、多氯联苯等工业添加剂、多环芳烃、二噁英都是亲脂性的，在生物组织中的分配基本与脂肪含量成正比，被称为有机污染物的"脂肪车间"分配。因此在动物油脂、鸡皮这样富含脂肪的组织中，亲脂类污染物含量远高于其他组织。深海鱼类由于富含不饱和脂肪酸深受推崇，但高脂肪含量也意味着更高的亲脂类污染物含量。而且深海鱼类由于寿命长，多为肉食性，导致它们的营养级高，亲脂类污染物还发生生物放大现象，即捕食者的污染物浓度比食物浓度高几个数量级。另外肝脏对大部分亲脂性污染物的代谢速率极慢，大部分亲脂类污染物只要进入动物和人体，就和脂肪紧密结合再也不分开。

亲蛋白类化合物主要为重金属和全氟酸/磺酸类有机物。除了汞蒸气，重金属单质不能直接吸收进入血液，一般以水溶离子态被吸收，在动物体内容易与金属硫蛋白结合，因此富含金属硫蛋白的肝脏和脑都是重金属的重要蓄积部位。另外骨骼中由于重金属阳离子可以取代 Ca^{2+}、Mg^{2+} 等离子与羟磷灰盐结合，也是重金属的蓄积处。全氟酸/磺酸类有机物的结构特殊，既有亲脂的 C—F、C—C 化学键，也有亲水的磺酸和羧基键，血液中既有水也有甘油三酯、蛋白质，因此全氟酸/磺酸类最倾向于留在血液中。常见环境污染物在动物器官组织中的分配见表 6-1。

表 6-1　常见环境污染物在动物器官组织中的分配

常见污染物	性质	肉	肝	肾	血	脑	骨	皮	脂肪	蛋	其他内脏
无机态重金属	亲水/蛋白		√	√	√		√			√	
有机态重金属	亲蛋白		√	√	√					√	
有机磷农药	亲脂				√						
滴滴涕	亲脂	√	√	√	√			√	√	√	√
多氯联苯	亲脂	√	√	√	√			√	√	√	√
多环芳烃	亲脂	√	√	√	√			√	√	√	√
二噁英	亲脂	√	√	√	√			√	√	√	√
全氟辛酸	亲蛋白				√					√	

第二节　生物地球化学实验技术

实验一　食物网营养级结构

一、实验背景

营养级是指生物在生态系统食物链中所处的层次。生态系统的食物能量的流通过程中，按食物链环节所处位置而划分不同的等级。营养级可分为由无机化合物合成有机化合物的生产者、直接捕食初级生产者的初级消费者、捕食初级消费者的次级消费者、分解这些消费者尸体或排泄物的分解者等级别。从生产者算起，经过相同级数获得食物的生物称为同营养级生物。但是在群落或生态系统内其食物链的关系是复杂的，除生产者和限定食性的部分草食性动物外，其他生物大多数或多或少地属于两个以上的营养级，同时它们的营养级也常随年龄和条件的变化而变化。

自养生物都处于食物链的起点，共同构成第一营养级。所有以生产者（主要是绿色植物）为食的动物都处于第二营养级，即食草动物营养级。第三营养级包括所有以植食动物为食的食肉动物。依此类推，还会有第四营养级和第五营养级。由于能量通过各营养级流动时会大幅度减少，下一营养级所能接收的能量只有上一营养级同化量的10%～20%之间，所以食物链不可能太长，生态系统中的营养级也不会太长，一般只有四、五级，很少有超过六级的。

环境污染物能够沿食物链传递至较高营养级生物。如果环境污染物在捕食者体内浓度远高于食物，这种现象称为生物放大。如果捕食者体内的污染物浓度低于食物，这种现象称为生物稀释。许多亲脂和亲蛋白类污染物如有机氯农药、多溴联苯醚、甲基汞都具有生物放大能力，因此野生生物的营养级是其体内污染程度的关键影响因素。野外生态系统中的食物网营养级结构不仅有助于评估生态系统稳定性、营养物质循环，也有助于研究环境污染物的地球化学过程和生态毒理风险。

二、实验目的

1. 掌握稳定碳氮同位素的仪器分析方法。
2. 学习使用碳氮同位素表征食物网营养级和野生生物的食源。
3. 加深对野生生物生态位的理解。

三、实验原理

传统研究野生生物食性和营养级的方法是野外观测和消化道内含物分析法。野外观测需要耗费大量人力、物力，且得到的信息量有限。生物消化道内含物分析法优点是直观，缺点是测量的只是被捕捞前所摄食物，存在一定的偶然性，需要做大量的统计调查才能消除这种偶然性。另外，它不能区分对所摄取食物消化吸收的难易程度，而且往往偏向于较难消化的食物。而稳定同位素组成分析所取的样品是生物身体的一部分或是全部，所得到的数据反映的是生物长期生命活动的结果，较消化道内含物分析法稳定准确。

稳定性同位素是指天然存在于生物体内的不具有放射性的一类同位素。最常使用的是碳（C）和氮（N）的稳定同位素，即 ^{12}C 和 ^{13}C 以及 ^{14}N 和 ^{15}N。在污染物的生物富集和放大研究中，利用 C 和 N 的稳定同位素比值，可以指示食物链（网）的碳源（能量来源），分析食物链（网）中的营养流动（食性分析及取食关系构建），划分物种的营养级层次。生态系统中碳元素的分馏开始于植物进行光合作用的过程，植物中的碳素也是食物链（网）的初始能量来源，因而植物的稳定性同位素分布模式必将影响到动物的组成。C4 植物的 $\delta^{13}C$ 值介于 $-14‰ \sim -10‰$，平均值约为 $-13‰$；而 C3 植物的 $\delta^{13}C$ 值在 $-35‰ \sim -21‰$，平均值约为 $-27‰$。在动物的代谢过程中，较轻同位素容易通过排泄或呼吸作用丧失，而较重同位素得以保留，因此，捕食者体内稳定性同位素比值比其食物要高，可以作为食性信息的参考指标。而且这种规律是普遍存在的，动物 $\delta^{13}C$ 较它们的食物相对丰富 $1‰ \sim 2‰$ 左右，而 $\delta^{15}N$ 相对丰富 $2‰ \sim 3‰$，$\delta^{13}C$ 和 $\delta^{15}N$ 均有随营养级的升高而增加的趋势，且陆地和水生生态系统中都存在稳定性同位素的差异，从而为食性研究提供了理论基础和前提条件。

四、实验仪器与材料

1. 仪器设备

（1）元素分析仪（Flash EA 1112，CE）。

（2）同位素仪 IRMS（Delta plus XL，Finnigan）。

（3）索氏抽提器。

（4）水浴锅。

（5）冷凝管。

（6）500mL 圆底烧瓶。

2. 试剂

（1）氯仿：色谱纯。

（2）甲醇：色谱纯。

3. 材料

（1）锡舟。

（2）碳黑。

（3）硫酸铵。

五、实验步骤

1. 通过市场采购或野外采集水生植物、虾蟹贝、鱼类样品，至少 4 类物种，每个物种 5 个样品以上。解剖取动物肌肉样品，冷冻干燥后充分研磨成粉状，冷冻保存于 −20℃备用。

2. 脂肪会影响肌肉样品中的碳氮同位素值，因此需进行脱脂处理。连接圆底烧瓶、索氏抽提器、冷凝管。向索氏抽提器加入 1g 肌肉样品，圆底烧瓶中加入 300mL 的氯仿/甲醇（体积比 1∶1）混合溶剂，打开冷凝水，水浴锅设置 60℃提取 24h。

3. 抽提结束后，取出样品自然风干至恒重，称取 1.0mg 左右样品于锡舟中，上机分析。其中 $\delta^{13}C$ 分析的对照标样为碳黑，分析精度为 0.2‰（2 倍标准偏差）；$\delta^{15}N$ 分析的对照标样为硫酸铵，分析精度为 0.5‰（2 倍标准偏差）；每分析 20 个样品加插 2 个对照标样分析，以监测仪器运行稳定性。

六、实验数据记录和计算

1. 稳定同位素特征值 $\delta^{13}C$ 和 $\delta^{15}N$ 的计算

$$\delta^{13}C = \left(\frac{^{13}C'/^{12}C'}{^{13}C/^{12}C} - 1 \right) \times 1000 \tag{6-1}$$

$$\delta^{15}N = \left(\frac{^{15}N'/^{14}N'}{^{15}N/^{14}N} - 1 \right) \times 1000 \tag{6-2}$$

式中　$\delta^{13}C$——^{13}C 同位素特征比值，‰；

　　　$\delta^{15}N$——^{15}N 同位素特征比值，‰；

　　　$^{13}C'$——样品中 ^{13}C 同位素仪器检测丰度；

　　　$^{12}C'$——样品中 ^{12}C 同位素仪器检测丰度；

^{13}C——标准品中 ^{13}C 同位素仪器检测丰度；

^{12}C——标准品中 ^{12}C 同位素仪器检测丰度；

^{15}N′——样品中 ^{15}N 同位素仪器检测丰度；

^{14}N′——样品中 ^{14}N 同位素仪器检测丰度；

^{15}N——标准品中 ^{15}N 同位素仪器检测丰度；

^{14}N——标准品中 ^{14}N 同位素仪器检测丰度。

2. 野生生物营养级的计算

$$TL = \frac{\delta^{15}Nc - \delta^{15}Np}{\Delta^{15}N} + \lambda \tag{6-3}$$

式中　TL——生物的营养级；

$\delta^{15}Nc$——动物样品（消费者）中 ^{15}N 同位素特征比值；

$\delta^{15}Np$——植物样品（生产者）中 ^{15}N 同位素特征比值；

$\Delta^{15}N$——相邻营养级之间的 ^{15}N 同位素特征比值差异；

λ——生产者的营养级，设为 1。

其中，当 $\lambda=1$ 时，$\delta^{15}Np$ 为初级生产者的 $\delta^{15}N$；当 $\lambda=2$ 时，$\delta^{15}Np$ 为初级消费者的 $\delta^{15}N$。当消费者营养级大于 2 时，TL 一般为非整数值。$\Delta^{15}N$ 为营养级富集因子，对于不同的食物链，$\Delta^{15}N$ 值是不相同的（3‰～5‰，均值为 3.4‰），使用不同的富集因子计算得到的营养级有较大的偏差。因此在使用 $\delta^{15}N$ 分析营养层次的时候，必须保证所测定的生物生活在同一生境，即确保稳定同位素的基线一致。

七、注意事项

1. 如果样品的 $\delta^{13}C$ 值差异较大，可能来自 C3 和 C4 植物为生产者的不同生态系统，需要补充更多样品以分析营养级。

2. 氯仿、甲醇等有机溶剂挥发性强，具有弱毒性，实验操作应全程在通风橱中进行。

八、思考题

1. 如何利用稳定碳氮同位素值预测野生生物的食源？

2. 影响食物网中 $\delta^{15}N$ 基准值的因素有哪些？

实验二　鱼体内甲基汞的测定

一、实验背景

甲基汞是有机汞中的烷基汞类，进入生物体后遍布全身各器官组织中，主要损害神经系统，最严重的是脑组织，其损伤是不可逆的。随着工农业的发展，汞的用途越来越广泛，氯碱工业、塑料工业、电子电池工业都大量排放含汞废水，矿山开采、矿物冶炼、含汞农药的使用也排出大量汞至环境。汞具有挥发性，能够长距离迁移，广泛存在于水、土壤、沉积物和生物体中。环境中任何形式的汞（金属汞、无机汞和有机汞等）均可在一定条件下转化为剧毒甲基汞。甲基汞的形成主要在沉积物的厌氧环境中，无机汞在微生物的作用下可转化为甲基汞，野生生物摄入甲基汞并蓄积在体内。甲基汞可通过食物链逐级富集至高营养级生物体内，鱼体内甲基汞浓度高出水中甲基汞浓度数万倍。

二、实验目的

1. 掌握检测生物样品中甲基汞的前处理和仪器方法。
2. 了解生物组织中甲基汞的污染程度，加深对甲基汞生物富集能力和毒性风险的认识。

三、实验原理

将生物样品消解后使用有机溶剂萃取甲基汞，萃取液中的甲基汞经过 $NaBEt_4$ 衍生化，生成挥发性的甲基丙基汞，经过吹扫捕集、热脱附和气相色谱分离后，再高温裂解为汞蒸气，用冷原子荧光测汞仪检测。根据保留时间定性，外标法定量。

四、实验仪器与材料

1. 仪器设备
（1）MERX 全自动甲基汞分析仪（Brooks Rand lab，USA）。
（2）50mL 聚四氟乙烯瓶。
（3）100mL 容量瓶。
2. 试剂
（1）二氯甲烷：色谱纯。
（2）甲醇：色谱纯。
（3）盐酸：优级纯。
（4）超纯水：电阻率≥18.2MΩ·cm（25℃）。
3. 材料
（1）氢氧化钾。
（2）柠檬酸。
（3）柠檬酸钠。
（4）四乙基硼酸钠。
4. 乙基衍生化试剂（$NaBEt_4$，10g/L）
50μg $NaBEt_4$ 溶于 5mL 的 20g/L KOH 溶液，摇匀后冷冻避光保存于聚四氟乙烯瓶、甲基汞标准储备液（1mg/L）。

5. 柠檬酸钠缓冲溶液

30g 柠檬酸钠及 10g 的柠檬酸并以超纯水定量至 100mL。

五、实验步骤

1. 样品准备

将鱼解剖后分离背部肌肉组织。样品冷冻干燥后研磨成粉末，保存于－20℃冰箱待分析。

2. 碱液消解

称取 0.2g 左右的样品于 50mL 聚四氟乙烯中，加入 5mL 25％的 KOH/甲醇溶液，盖紧，确保无漏出。80℃水浴加热 5h，加热过程中每隔 0.5h 摇晃 1 次。待溶液冷却至室温后加入 3mL 浓盐酸将 pH 值调节至酸性（pH＝1～2）。

3. 二氯甲烷萃取

冷却后加入 10mL 二氯甲烷，记录重量 M_1，往复振荡 30min 使甲基汞完全萃取到二氯甲烷中，静置分层后抽取上层溶液并将二氯甲烷溶液转移至干净离心管，记录重量 M_2 并加入无汞纯水至 40mL。

4. 反萃取

离心管置于水浴锅内，水温最初控制在 50℃，加热气化二氯甲烷，气化完成后升温至 80℃，以 200mL/min 的流速氮吹约 3min，确保残余的有机相气泡彻底排出，最后以无汞去离子水定容至 40mL 备用。

5. 仪器分析

在经严格净化的棕色进样瓶中加入约 40mL 样品，然后依次加入 600μL 柠檬酸/柠檬酸钠缓冲溶液、40μL 的 10g/L NaBEt₄ 溶液，加满超纯水，旋紧瓶盖，检查有无气泡，摇匀后反应 20min 上机测试。

按照上述相同步骤准备标准曲线。依次加入缓冲溶液、衍生化试剂、甲基汞溶液，标准曲线中甲基汞含量分别为 0pg、5pg、10pg、20pg、50pg、100pg、200pg。加满超纯水，旋紧瓶盖，检查有无气泡，摇匀后反应 20min 上机测试。

六、实验数据记录和计算

样品中甲基汞的质量浓度（ng/L）按照下式计算，该方法检出限约为 0.01ng/g：

$$C = D \frac{m}{MV} \tag{6-4}$$

式中　C——样品中甲基汞质量浓度，ng/mL；

　　　m——标准曲线计算得到的甲基汞含量，ng；

　　　M——样品质量，g；

　　　V——样品体积，mL；

D——样品稀释倍数。

七、注意事项

1. 样品中 Hg^{2+} 浓度高于 440ng/L 时对甲基汞测定产生干扰，应稀释后再进行仪器分析。

2. NaBEt₄ 溶液有毒性，使用时应快速打开和密封。失效的 NaBEt₄ 溶液应放入装有盐酸的大烧杯中，于 80℃ 加热分解残留物，待烧杯中溶液体积减小一半以上后，收集剩余的废酸液交于有资质的废液处理机构统一处置。

八、思考题

1. 生物组织中的甲基汞含量是否超过了健康风险值？
2. 本实验使用的鱼类物种污染与已有报道的其他淡水、海水鱼类污染比较有何差异？原因是什么？

实验三　植物组织中有机磷酸酯的测定

一、实验背景

有机磷酸酯（organophosphate esters，OPEs）的使用历史已达到 150 年以上，近年来，由于其优秀的阻燃效果以及多溴联苯醚类阻燃剂在世界范围内被逐渐禁用，有机磷阻燃剂的市场需求量与生产量都有了大幅的增加。2006 年磷系阻燃剂在欧洲使用量大约为 91000t，占阻燃剂市场份额的 20% 左右。不含卤原子的磷系阻燃剂多用作成塑剂、润滑剂、萃取剂等，含卤原子的磷系阻燃剂多用作塑料制品、纺织物、电子设备以及建筑、家装材料的阻燃添加剂。在具体的工业生产中，多种磷系阻燃剂常被混合使用，用来提高产品的多种特性。虽然它们的基本结构相同，但取代烷基的不同还是让磷系阻燃剂拥有不用的物理化学性质和用途。由于 OPEs 具有亲脂性，因此环境中的 OPEs 能够吸附于富含有机质的大气颗粒物、土壤、植物叶片，进而进入食物链。OPEs 可以通过土壤-根系和大气-叶片两种途径进入植物体，OPEs 主要通过植物表面的气体交换以简单的扩散的形式或通过 PM2.5 等颗粒物沉降到植株表面吸收大气中 OPEs，因此常被作为大气中 OPEs 的生物监测器。植物叶片和树皮，例如松针、苔藓、树皮已经被广泛用作大气中环境污染物的被动采样材料，能够反映气态和颗粒污染物的长期污染状况，对评估 OPEs 的环境污染水平和风险管控具有重要意义。

二、实验目的

1. 掌握植物样品中有机磷酸酯的前处理和仪器方法。

2. 结合文献调研，了解环境监测中有哪些常见的污染物生物指示物，有何实际应用前景。

三、实验原理

采集植物叶片和树皮样品后经过冷冻干燥后，称重，用丙酮-正己烷混合液索氏抽提 48h，转移抽提液至浓缩管；过层析柱将萃取液净化分离 OPEs 混合组分，收集浓缩液后加标，定容至一定量有机溶剂中，转移到细胞瓶进行密封，采用气相色谱-质谱联用仪进行检测。有机磷酸酯含有磷酯键，在酸性、碱性、强氧化条件下都不稳定，因此只能采用中性硅胶、氧化铝等吸附材料进行样品净化。

四、实验仪器与材料

1. 仪器

（1）气相色谱-质谱联用仪（Agilent 7890B-5977B）。

（2）色谱柱：HT-8 [25m×0.22mm（内径）×0.25μm]。

（3）电子天平（精度 0.0001g）。

（4）旋转蒸发仪。

（5）超声波清洗机。

（6）氮吹浓缩仪。

（7）冷冻干燥仪。

（8）冷凝循环水系统。

（9）500mL 和 250mL 平底烧瓶。

（10）500mL 烧杯。

（11）滴管。

（12）2mL 色谱进样瓶，聚四氟乙烯材质衬片瓶盖。

（13）100mL 量筒。

（14）450mm 层析柱和聚四氟乙烯塞子。

（15）索氏抽提器和冷凝管。

2. 试剂

（1）正己烷：色谱纯。

（2）二氯甲烷：色谱纯。

（3）甲醇：色谱纯。

（4）丙酮：色谱纯。

（5）超纯水：电阻率≥18.2MΩ·cm（25℃）。

（6）盐酸：优级纯。

3. 材料

（1）80～100 目硅胶。

（2）100～200目氧化铝。

（3）铜片。

（4）塑料手套。

（5）铝箔纸。

（6）直尺。

（7）无水硫酸钠：分析纯。

（8）滤纸，脱脂棉。

4. 标准品

（1）磷酸三乙基酯（Tri-ethyl-phosphate，TEHP）。

（2）磷酸三正丁基酯（Tri-n-butyl-phosphate，TNBP）。

（3）磷酸三(2-氯乙基)酯［Tris-(2-chloroethyl)-phosphate，TCEP］。

（4）磷酸三(2-丁氧乙基)酯［Tri-(2-butoxyethyl)-phosphate，TBOEP］。

（5）磷酸三苯酯（Tri-phenyl-phosphate，TPHP）。

（6）磷酸(2-乙基)己基二苯酯（2-ethylhexyl diphenyl phosphate，EHDPP）。

（7）磷酸三(2,3-二氯丙基)酯［Tris-(2,3-dichloropropyl)-phosphate，TDCPP］。

（8）磷酸三氯丙基酯［Tris-(chloropropyl)phosphate，TCPP］。

（9）d_{15}-磷酸三苯酯（d_{15}-Tri-phenyl-phosphate，d_{15}-TPHP）。

上述9种标样在5mL的容量瓶中稀释至20μg/mL和2μg/mL备用。

（10）d_{12}-磷酸三(2-氯乙基)酯［d_{12}-Tris-(2-chloroethyl)-phosphate，d_{12}-TCEP］。

标样在5mL的容量瓶中稀释至10μg/mL备用。

五、实验步骤

1. 空白样品的准备

（1）野外空白/采样空白

每15个样品插入1个野外空白样。在每次采样过程中带同样铝箔纸包裹密封袋密封的石英砂，运至采样地再运至实验室作为野外空白。

（2）实验室空白

每15个样品增加1个实验室空白样。实验室空白样不含实际样品，使用与本方法相同的替代材料。

（3）空白加标空白和平行样

每15个样品增加1个空白加标空白样。加标空白样中加入含有目标化合物的标准溶液，但不含实际样品；每15个样品插入1个平行样，平行样一般选择含有大部分待测目标化合物浓度可检出的样品。

2. 采集野外多个乔木树种（可自选，如松树、杨树、柳树、桉树等）的树叶和树皮样品。尽量采集1.5～2m高度样品，放入密封袋中密封包装，运至实验室清洗干净、冷冻干燥，－20℃下冷冻保存。

3. 称 10g 样品装入干净的滤纸筒内，包好。

4. 索氏抽提

在烧瓶中加入 200mL 正己烷与丙酮（体积比 1∶1）的混合液，加入一定量的回收率指示物，调节水浴锅温度至大约 60℃，开启索氏抽提器上部冷却水，将样品放入索氏抽提内抽提 48h，转移出抽提液至浓缩管内。

5. 浓缩并交换溶剂为正己烷

将萃取液转移至浓缩管中，用铝箔纸盖住浓缩管顶端防止浓缩过程中灰尘或水分进入；放入浓缩仪中，铝箔纸上端打开几个豁口；打开浓缩仪浓缩萃取液，此过程需要控制氮气流的速度。如果速度过快，不仅易于浓缩仪上端凝结水滴进入样品（挥发吸热，造成系统内温度降低，水蒸气会凝结），而且部分易挥发的目标化合物也会有所损失；如果速度过慢，则会延长浓缩时间；经氮吹浓缩仪浓缩到 1mL 左右后，加入 10mL 正己烷，再浓缩到 1mL，此时置换溶剂并再次浓缩定容。

6. 层析分离

（1）层析柱的制备

干净的层析柱放置到铁架台上，将干净的聚四氟乙烯塞子装入层析柱底端，层析柱底端放入少许脱脂棉，并用玻璃棒压实，用正己烷淋洗层析柱，再加入少许正己烷，关闭塞子，在距层析柱底端 6cm 和 18cm 处用记号笔标记，用滴管向层析柱中加入处理后的中性氧化铝，边加边敲，直到氧化铝达到 6cm，再用滴管向层析柱内加入处理过的中性硅胶，直到硅胶层达到 12cm，硅胶上端加入 1cm 高度无水硫酸钠以除去样品中的水分。

（2）样品的净化和分离

打开聚四氟乙烯塞子，将层析柱内多余的正己烷流至硅胶顶端，关闭塞子。将定容后所得溶液所得浓缩淋洗液转移至柱头，打开聚四氟乙烯塞子，液面达到硅胶顶端时关闭塞子；分别用 2mL 正己烷清洗浓缩管，清洗液转移至柱头，打开塞子，让液面流至硅胶顶端处关闭塞子，重复 3 次。用 70mL 二氯甲烷溶剂冲洗层析柱，用浓缩管采集，此组分有 OPEs 组分。

7. 浓缩定容

含有 70mL 淋洗液的浓缩管用铝箔纸封口，放入浓缩仪中用剪刀开几个豁口，打开旋转蒸发仪浓缩，浓缩至 1mL 左右，加入 10mL 正己烷继续浓缩，浓缩至 0.5mL，用滴管小心转移至细胞瓶内，用少量正己烷冲洗浓缩管壁 3 次，冲洗液用滴管小心转移到细胞瓶内，在柔和氮气流下浓缩溶液并定容至 0.5mL，加入内标后压盖保存。

8. 仪器分析

有机磷酸酯 OPEs 的含量检测采用气相色谱-质谱联用仪在电子轰击离子源（EI）下采用 SIM 模式，载气流速 1.0mL/min，无分流进样，进样量为 1μL。色谱柱为 HT-8 [25m×0.22mm（内径）×0.25μm]，离子源温度分别为 230℃。气相色谱（GC）升温程序：进样口初始温度为 90℃，停留 0.03min 后，按 700℃/min 的升温速率升到

290℃。色谱柱初始温度为90℃，停留1.25min后，按10℃/min的升温速率升到240℃，再以20℃/min升到310℃，保持16min。不同OPEs的定性/定量离子质荷比（m/z）分别为：TEHP-155/99，TNBP-211/155，TCEP-249/251，TBOEP-299/199，TPHP-325/326，EHDPP-250/251，TDCPP-379/381，TCPP-277/279，d_{15}-TPHP-339/341，d_{12}-TCEP-261/263。

有机磷酸酯等环境痕量污染物在环境介质中浓度很低，仪器响应受样品基质干扰严重。为了尽可能消除人为实验和仪器操作、样品基质带来的定量误差，有机磷酸酯的分析一般使用内标法，标准曲线中包括目标化合物、回收率指示物、内标化合物。在本实验中采用d_{15}-TPHP作为回收率指示物，验证在样品前处理和仪器分析过程中内标化合物的回收率。采用d_{12}-TCEP作为内标化合物，基于目标化合物的仪器响应值定量样品中目标化合物的含量。标准曲线中对目标化合物和回收率指示物设置不同的浓度梯度，内标化合物的浓度保持不变，标准曲线的浓度梯度不少于7个点。本实验可参考表6-2～表6-4中的标准曲线浓度与配制体积等信息。

表6-2　有机磷酸酯标准曲线的浓度　　　　　单位：μg/mL

项目	储备液1	储备液2	浓度1	浓度2	浓度3	浓度4	浓度5	浓度6	浓度7
TEHP	20	2.00	0.01	0.02	0.05	0.10	0.20	0.50	1.00
TNBP	20	2.00	0.01	0.02	0.05	0.10	0.20	0.50	1.00
TCEP	20	2.00	0.01	0.02	0.05	0.10	0.20	0.50	1.00
TBOEP	20	2.00	0.01	0.02	0.05	0.10	0.20	0.50	1.00
TPHP	20	2.00	0.01	0.02	0.05	0.10	0.20	0.50	1.00
EHDPP	20	2.00	0.01	0.02	0.05	0.10	0.20	0.50	1.00
TDCPP	20	2.00	0.01	0.02	0.05	0.10	0.20	0.50	1.00
TCPP	20	2.00	0.01	0.02	0.05	0.10	0.20	0.50	1.00
d_{15}-TPHP	20	2.00	0.01	0.02	0.05	0.10	0.20	0.50	1.00
d_{12}-TCEP	10		0.20	0.20	0.20	0.20	0.20	0.20	0.20

表6-3　有机磷酸酯标准曲线的标准品配制体积（1）　　　　　单位：μL

项目	浓度5	浓度6	浓度7
总体积	1000	1000	1000
正己烷	890	755	530
TEHP	10	25	50
TNBP	10	25	50

项目	浓度 5	浓度 6	浓度 7
TCEP	10	25	50
TBOEP	10	25	50
TPHP	10	25	50
EHDPP	10	25	50
TDCPP	10	25	50
TCPP	10	25	50
d_{15}-TPHP	10	25	50
d_{12}-TCEP	20	20	20

注：储备液 1 和有机溶剂加标体积。

表 6-4　有机磷酸酯标准曲线的标准品配制体积（2）　　　　单位：μL

项目	浓度 1	浓度 2	浓度 3	浓度 4
总体积	1000	1000	1000	1000
正己烷	935	890	755	530
TEHP	5	10	25	50
TNBP	5	10	25	50
TCEP	5	10	25	50
TBOEP	5	10	25	50
TPHP	5	10	25	50
EHDPP	5	10	25	50
TDCPP	5	10	25	50
TCPP	5	10	25	50
d_{15}-TPHP	5	10	25	50
d_{12}-TCEP	20	20	20	20

注：储备液 2 和有机溶剂加标体积。

六、实验数据记录和计算

1. OPEs 浓度计算

按照仪器软件标准曲线计算得到样品中 OPEs 浓度 C_1。植物中 OPEs 的含量按照下式计算：

$$C_G = \frac{C_1 V_1}{V_2}$$

(6-5)

式中　C_G——植物样品中 OPEs 的检测含量，ng/g 干重；

　　　C_1——样品中 OPEs 仪器检测浓度，ng/mL；

　　　V_1——植物样品定容体积，mL；

　　　V_2——实验中的植物称重质量，g。

2. 质量保证与质量控制

样品处理前加入一定量的回收率指示物，整个样品处理过程中增加野外空白、实验室空白、空白加标和平行样。每次采样过程中准备野外空白样品，采样结束后空白样品同样品一起处理和分析。计算回收率包括加标回收率和每个样品中指示物的回收率。对于空白中检出的有机磷酸酯，检出限为空白中平均浓度加上 3 倍标准偏差。空白中没有检出的有机磷酸酯，检出限为 10 倍仪器信噪比对应的响应值，或标准曲线的最低浓度。要求回收率指示物和目标化合物的准确度在 80％～120％范围，平行样间的相对标准偏差小于 15％。

七、注意事项

1. 为了解实验的准确度，包括所有空白样及平行样等所有样品均可加入回收率指示物标样。回收率指示物和内标指示物的选择标准一致。

2. 为了解实验的准确度，每 15 个样品增加 1 个标准参考物质样品。标准参考物质推荐采用美国国家标准和技术研究所（National Institute of Standard and Technology，NIST）、欧洲标准局标准物质（Institute for Reference Materials and Measurements，IRMM）、中国国家标准物质中心的产品。如果无法购买标准参考物质，可采集浓度较低的基质，加入已知含量的标样，计算检测方法的回收率。

八、思考题

1. 不同植物物种的 OPEs 含量有何异同？OPEs 的物理化学参数和植物生理特性对不同 OPEs 的植物富集过程有何影响？

2. 植物的叶片和树皮富集的 OPEs 单体浓度和组成有何差异？叶片和树皮的 OPEs 富集机制和富集过程有何异同？

实验四　土壤-植物的邻苯二甲酸酯富集

一、实验背景

邻苯二甲酸酯类是一种成塑剂，广泛应用于工业生产，主要用作通用型增塑剂，用于聚氯乙烯树脂的加工，还可用于化纤树脂、醋酸树脂、ABS 树脂及橡胶等高聚物的加工，也可用于造漆、染料、分散剂等。邻苯二甲酸酯与高分子聚合物间无化学键联结，因此在塑料生产和塑料制品的日常使用过程中，邻苯二甲酸酯类物质可释放入环境中，在环境介质中广泛存在，并在生物体中具有生物富集作用。邻苯二甲酸酯类物质是内分泌干扰物，对环境和生物体的潜在生态风险不容忽视。

环境污染物能够通过根系吸收和叶片吸收进入植物，因此苔藓、松针、树皮等常被用作环境污染物的指示样品。植物的生物量大，可以通过对土壤中环境污染物的吸收达到一定的环境修复作用。环境污染物在土壤-植物中的吸收是重要的环境地球化学过程之一。

二、实验目的

1. 学习和掌握植物盆栽实验的基本原理和方法。
2. 学习气相色谱仪的测定原理和方法。
3. 了解有机污染物在土壤-植物中的富集过程及影响因素。

三、实验原理

植物可以通过根系吸收有机污染物并向地上部迁移。本实验通过人工配制邻苯二甲酸酯污染土壤，进行植物盆栽实验，采用气相色谱法测定植物和土壤中邻苯二甲酸酯的含量，探讨邻苯二甲酸酯在植物体内的累积效应和在土壤的残留作用，分析邻苯二甲酸酯的植物迁移富集能力和对植物生长发育的影响。

四、实验仪器与材料

1. 仪器设备

(1) 气相色谱仪-氢火焰离子化检测器（Agilent 6890N）。

(2) 色谱柱：HP-5MS（30m×0.25mm×0.25μm）。

(3) 电子天平（精度 0.0001g）。

(4) 旋转蒸发仪。

(5) 超声波清洗机。

(6) 氮吹仪。

(7) 冷冻干燥仪。

(8) 循环冷凝水仪。

(9) 剪刀和镊子。

(10) 滴管。

(11) 2mL 色谱进样瓶，带聚四氟乙烯膜衬片瓶盖。

(12) 电热鼓风恒温干燥箱。

(13) 鸡心瓶（100mL）。

（14）玻璃层析柱（长30cm、直径1cm）。

（15）50mL特氟龙管。

2．试剂

（1）二氯甲烷：色谱纯。

（2）丙酮：色谱纯。

3．实验材料

（1）100～180目硅胶。

（2）无水硫酸钠。

（3）甜玉米（*Dulcis corn*）种子。

（4）土壤（采集自低污染背景区）。

4．PAEs标准溶液

邻苯二甲酸正二丁酯（DBP）和邻苯二甲酸二(2-乙基己基)酯（DEHP）溶于二氯甲烷，最终浓度为500mg/L。

五、实验步骤

1．污染土壤的配制

盆栽前根据DnBP和DEHP环境浓度，先将一定量DnBP和DEHP溶于丙酮中，配成丙酮溶液。将上述PAEs丙酮溶液添加于土壤中，混匀，配得PAEs污染土（为保证检出率，按土壤PAEs污染水平的10倍配置）。将PAEs污染土壤放在阴凉处，让丙酮自然挥发。

2．样品采集与制备

将经挑选的、均匀的玉米种子播种到育苗板上。10d后移苗，每盆种植4株玉米。盆栽过程中用去离子水浇淋，严禁使用农药。

盆栽30d后采收玉米，用不锈钢剪刀从土表面将植株剪断，分地上部（茎叶）和地下部（根系）测定。同时将盆栽土壤混合均匀后，随机采集土壤约500g，4℃保存。其中玉米地上部样品立即用超纯水清洗表面土壤；地下部（根系）用自来水冲洗干净后，再用去离子水清洗2～3次。植物样品于50℃烘干后粉碎备测，土壤样品分析前将其自然风干后粉碎过筛（1mm）备测。

3．样品的前处理

将2g土壤或1g蔬菜样品加入50mL特氟龙管，加入10mL二氯甲烷后超声萃取30min，将萃取液转移至干净的鸡心瓶中，充分萃取步骤2次，合并萃取液并采用旋转蒸发仪浓缩至2mL左右，然后采用硅胶柱（10cm硅胶＋2cm无水硫酸钠）净化分离，40mL二氯甲烷洗脱PAEs。洗脱液用旋转蒸发仪浓缩至0.5mL，转移至棕色样品瓶待仪器分析。

4．仪器分析

样品中PAEs含量采用气相色谱分析，仪器参数如下：检测器为氢火焰离子化检测器（FID）；毛细管色谱柱：HP-5MS（$30\text{m}\times0.25\text{mm}\times0.25\,\mu\text{m}$）；升温程序：110℃停留2min，12℃/min升温至220℃、10℃/min升温至280℃、280℃停留5min；不分流进样，进样量为$1.0\,\mu\text{L}$；载气为高纯氦气；进样口温度为250℃；检测器温度为280℃。

PAEs标准曲线的配置：PAEs原液浓度为500mg/L，用二氯甲烷稀释为$0.5\,\mu\text{g}/\text{mL}$、$1.0\,\mu\text{g}/\text{mL}$、$2.0\,\mu\text{g}/\text{mL}$、$5.0\,\mu\text{g}/\text{mL}$、$10\,\mu\text{g}/\text{mL}$、$20\,\mu\text{g}/\text{mL}$、$50\,\mu\text{g}/\text{mL}$的标准溶液，采用外标法定量。

六、实验数据记录和计算

1. 土壤中PAEs的消失率

土壤中有机污染物可通过植物吸收、生物或非生物降解、挥发、淋溶等途径消失。与初始含量相比，盆栽植物后土壤中PAEs含量均有不同程度的降低。根据盆栽植物时土壤的初始PAEs含量（C_0）与盆栽植物后土壤中残留PAEs的含量（C_t），计算土壤中PAEs的消失率，其表达式为：

$$消失率(\%)=\frac{C_0-C_t}{C_0}\times100 \qquad (6\text{-}6)$$

式中 C_t——盆栽植物后土壤中残留PAEs的含量，ng/g；

C_0——土壤加标后的初始PAEs含量，ng/g。

2. 玉米吸收累积对PAEs消失的贡献率

玉米吸收累积对PAEs消失的贡献率，是指玉米茎叶和根系对PAEs的吸收量（C）与盆栽植物后土壤中PAEs消失量（C_0-C_t）之比值。贡献率越大，表明植物对土壤中的PAEs吸收累积能力越强。

$$贡献率(\%)=\frac{\sum(C_iM_i)}{(C_0-C_t)\times M_2}\times100 \qquad (6\text{-}7)$$

式中 C_i——玉米植株中PAEs浓度，ng/g；

M_i——玉米植株的质量，g；

C_t——盆栽植物后土壤中残留PAEs的含量，ng/g；

C_0——土壤加标后的初始PAEs含量，ng/g；

M_2——土壤质量，g。

3. PAEs的迁移系数

玉米植物体中PAEs的迁移系数是指PAEs在玉米茎叶中的含量与块根中的含量之比值。迁移系数越大，表明PAEs从块根向茎叶迁移能力越强。

$$\text{TF}=\frac{C_{上}\,M_{上}}{C_{下}\,M_{下}} \qquad (6\text{-}8)$$

式中 TF——PAEs的迁移系数（transportation factor）；

$C_{上}$——玉米茎叶中的PAEs含量，ng/g；

$M_{上}$——玉米茎叶的质量，g；

$C_下$——玉米块根中的 PAEs 含量，ng/g；

$M_下$——玉米块根的质量，g。

4. 生物富集系数

蔬菜对 PAEs 富集作用可用生物富集系数表示：

$$BAF = \frac{C_i}{C_t} \tag{6-9}$$

式中　BAF——PAEs 的蔬菜生物富集系数（bioaccumulation factor）；

C_i——玉米植株中 PAEs 浓度，ng/g；

C_t——盆栽植物后土壤中残留 PAEs 的含量，ng/g。

七、注意事项

1. 为保证实验材料中不含有 PAEs，硅胶使用前应用二氯甲烷萃取净化 12h 后，置于 130～140℃下烘 4h。无水硫酸钠应于马弗炉内 450℃烘 4h。保存于干燥器内备用。

2. PAEs 是重要的成塑剂，广泛应用于各类塑料制品。实验中应只使用玻璃或聚四氟乙烯制品的实验器皿，不适用聚乙烯、聚丙烯、聚氯乙烯等其他材质的设备。

八、思考题

1. 不同 PAEs 的土壤-植物迁移系数与 PAEs 的物理化学性质有何关系？

2. PAEs 分析的前处理过程除了硅胶柱，还能够使用什么方法净化样品？能否使用浓硫酸、强碱等试剂净化样品？

实验五　土壤-蚯蚓的 DDTs 富集

一、实验背景

2001 年 5 月 127 个国家和地区的代表在瑞典斯德哥尔摩签署了《关于持久性有机污染物的斯德哥尔摩公约》，严格禁止或限制使用 12 种持久性有机污染物，有机氯农药（DDT、艾氏剂、狄氏剂、异狄氏剂、七氯、灭蚁灵、毒杀芬、六氯苯）占其中 8 种。六六六虽未被列入，但也属于潜在致癌物，属于美国环境保护局确定的 129 种优先控制污染物。在农业生产中大量使用的有机氯农药可通过大气、水、土壤等环境介质进入农作物，如粮食、蔬菜、豆类、瓜果，进一步通过食物链传输至高营养级生物如人类，带来环境健康威胁。有机氯农药大多具有难降解、半挥发性、生物毒性特征，其食物链迁移过程尤其需引起重视。有机氯农药在环境中的浓度很低，往往为 ng/L 或 ng/g，而样品中含有大量其他结构相似的有机物和基质，带来背景干扰，影响待测组分的仪器分析。因此样品分析前需要经过萃取、净化、浓缩等前处理步骤。样品中痕量有机污染物的前处理方法包括传统的索氏抽提、液液分配、柱层析和新型的固相萃取、固相微萃取等。

　　水生底栖生物和土壤动物是环境污染物从非生物介质进入食物网的重要节点，污染物的传递效率可以用生物-沉积物富集因子（bio-sediment accumulation factor，BSAF）表示，即生物中污染物浓度与土壤或沉积物中污染物浓度的比值。由于 DDTs 是亲脂性物质，生物和土壤/沉积物中的 DDTs 浓度常需要用生物脂肪含量和土壤中有机碳含量进行校正。

二、实验目的

　　1. 了解有机污染物分析方法，掌握生物和土壤中有机氯农药的前处理技术。
　　2. 熟悉气相色谱-质谱仪的工作原理和使用方法。
　　3. 了解有机氯农药的生物富集过程。

三、实验原理

　　环境污染物可以从非生物介质进入底栖或土壤无脊椎动物，从而进入食物网传输。本实验通过人工配制 DDTs，建立土壤-蚯蚓室内模拟食物链，采用气相色谱-质谱联用测定蚯蚓和土壤中 DDTs 的含量，探讨 DDTs 从土壤到蚯蚓的传递规律，分析 DDTs 传递过程的影响因素。

四、实验仪器与材料

　　1. 仪器
　　（1）气相色谱-质谱联用仪（Agilent 7890B-5977B）。
　　（2）色谱柱：DB-5MS（60m×0.25mm×0.25μm）。
　　（3）电子天平（精度 0.0001g）。
　　（4）旋转蒸发仪。
　　（5）超声波清洗机。
　　（6）氮吹仪。
　　（7）冷冻干燥仪。
　　（8）循环冷凝水仪。
　　（9）马弗炉。
　　（10）陶瓷坩埚。
　　（11）剪刀和镊子。
　　（12）250mL 平底烧瓶。
　　（13）500mL 烧杯。
　　（14）100mL 鸡心瓶。
　　（15）滴管。

（16）2mL 色谱进样瓶，带聚四氟乙烯膜衬片瓶盖。

（17）10mL 玻璃试管。

（18）450mm 玻璃层析柱，聚四氟乙烯塞子。

2. 试剂

（1）正己烷：色谱纯。

（2）二氯甲烷：色谱纯。

（3）丙酮：色谱纯。

（4）超纯水：电阻率≥18.2MΩ·cm（25℃）。

（5）浓硫酸：优级纯。

3. 材料

（1）滤纸。

（2）脱脂棉。

（3）100～200 目硅胶。

（4）无水硫酸钠。

（5）棉纱布。

（6）赤子爱胜蚓（*Eisenia foetida*）。

（7）土壤（采集自低污染背景区）。

4. 标样

（1）*o,p'*-滴滴伊（*o,p'*-dichlorodiphenyldichloroethylene，*o,p'*-DDE）。

（2）*o,p'*-滴滴滴（*o,p'*-dichlorodiphenyldichloroethane，*o,p'*-DDD）。

（3）*o,p'*-滴滴涕（*o,p'*-dichlorodiphenyltrichloroethane，*o,p'*-DDT）。

（4）*p,p'*-滴滴伊（*p,p'*-dichlorodiphenyldichloroethylene，*p,p'*-DDE）。

（5）*p,p'*-滴滴滴（*p,p'*-dichlorodiphenyldichloroethane，*p,p'*-DDD）。

（6）*p,p'*-滴滴涕（*p,p'*-dichlorodiphenyltrichloroethane，*p,p'*-DDT）。

（7）多氯联苯［polychlorinated biphenyls（PCBs）24，82，198］。

上述标样浓度均为 100μg/mL。

五、实验步骤

1. 土壤加标

根据 DDTs 的环境浓度，先将一定量 DDTs 溶于丙酮中，配成丙酮溶液。将上述 DDTs 丙酮溶液添加到土壤中混匀，使土壤中 DDTs 浓度达到环境浓度的 5 倍。将 DDTs 污染土壤放在阴凉处，让丙酮自然挥发。

2. 蚯蚓暴露实验

在 500mL 玻璃烧杯中加入 200g 土壤，加入无菌水使相对湿度为 60%。挑选出生 2 个月、具有生殖环、长势一致（质量 180～220mg）的蚯蚓，室温放置清肠 2h 后，无菌水洗涤，滤纸干燥，然后放置入塑料杯中饲养 28d，杯顶盖棉纱布，以防蚯蚓逃逸并保持其呼吸通畅．培养条件为 $25℃±1℃$，相对湿度 $60\%±5\%$；避光避噪声。

3. 土壤样品前处理

养殖蚯蚓 28d 后取土壤烘干，将 1g 土壤加入玻璃试管中，加入 5mL 正己烷，超声萃取 30min 后转移有机相。重复使用 5mL 正己烷萃取 2 次，合并 3 次的萃取液，氮吹至约 5mL。加入 3mL 浓硫酸涡旋后，转移上清液，氮吹至约 1mL。采用硅胶柱（10cm 硅胶＋2cm 无水硫酸钠）净化分离，40mL 二氯甲烷洗脱 DDTs。洗脱液用旋转蒸发仪浓缩至 0.5mL，转移至样品瓶待仪器分析。

4. 土壤样品有机质含量

本实验采用烧失法测量有机质含量，用有机质含量代替有机碳含量。用电子天平称量 1.00g 土壤样品于空陶瓷坩埚中，于马弗炉 550℃ 恒温灼烧 1h 后取出冷却，灼烧前后的质量差即为土壤中的有机质含量。

5. 蚯蚓样品前处理

取 0.5g 干重蚯蚓样品加入玻璃试管，溶剂萃取及样品净化步骤与土壤样品相同。

6. 蚯蚓样品脂肪含量

养殖蚯蚓 28d 后，蚯蚓用超纯水清洗干净后，置于干净的滤纸上清肠 3h。将蚯蚓冷冻干燥后称量蚯蚓的湿重 M_1、干重 M_2。取约 0.5g 干重的蚯蚓（质量 M_3）加入玻璃试管，加入 3mL 正己烷，超声萃取 30min 后转移有机相至进样瓶；分别称量空进样瓶质量 M_4、烘干后萃取液＋进样瓶质量 M_5。

7. 仪器分析

样品中 DDTs 含量采用气相色谱分析，仪器参数如下：在电子轰击离子源（EI）下采用 SIM 模式，载气流速 1.3mL/min，无分流进样，进样量为 1μL。色谱柱为 DB-5MS ［60m×250μm（内径）×0.25μm］，进样口和离子源温度分别为 290℃ 和 260℃。气相色谱（GC）升温程序：起始温度 80℃，6℃/min 升温至 240℃，然后 1℃/min 升温至 295℃ 并保留 15min。定量离子为 o,p'-/p,p'-DDT 和 p,p'-DDD：m/z 235/237，p,p'-DDE：m/z 246/248。

DDTs 等环境痕量污染物在环境介质中浓度很低，仪器响应受样品基质干扰严重。为了尽可能消除人为实验和仪器操作、样品基质带来的定量误差，DDTs 的分析一般使用内标法，标准曲线中包括目标化合物、回收率指示物、内标化合物。在本实验中采用 PCB 24 和 PCB 82 作为回收率指示物，验证在样品前处理和仪器分析过程中内标化合物的回收率。采用 PCB 30 和 PCB 65 作为内标化合物，基于目标化合物的仪器响应值定量样品中目标化合物的含量。标准曲线中对目标化合物和回收率指示物设置不同的浓度梯度，内标化合物的浓度保持不变，标准曲线的浓度梯度不少于 7 个点。本实验可参考第四章实验五标准曲线浓度与配制体积等信息。

六、实验数据记录和计算

（1）蚯蚓的脂肪含量按下式计算：

$$f_1 = \frac{M_5 - M_4}{M_3} \times \frac{M_2}{M_1} \qquad (6\text{-}10)$$

式中　f_1——蚯蚓的脂肪含量；

$\quad\quad M_1$——所有蚯蚓样品的湿重，g；

$\quad\quad M_2$——所有蚯蚓样品的干重，g；

$\quad\quad M_3$——待分析蚯蚓样品的干重，g；

$\quad\quad M_4$——空进样瓶的质量，g；

$\quad\quad M_5$——烘干后萃取液＋进样瓶的质量，g。

（2）DDTs 在土壤-蚯蚓间的传递因子按下式计算：

$$BSAF = \frac{C_1 / f_1}{C_2 / f_2} \qquad (6\text{-}11)$$

式中　BSAF——DDTs 在土壤-蚯蚓间的传递因子（biota-sediment accumulation fac-

$\quad\quad\quad\quad\quad$ tor）；

$\quad\quad C_1$——蚯蚓中的 DDTs 浓度，ng/g；

$\quad\quad C_2$——土壤中的 DDTs 浓度，ng/g；

$\quad\quad f_1$——蚯蚓的脂肪含量；

$\quad\quad f_2$——土壤中的有机质含量。

七、注意事项

1. 在蚯蚓养殖过程中应每日关注蚯蚓死亡率，若死亡率过高，应重新设计实验，降低土壤中 DDTs 的加标浓度。

2. 样品的前处理步骤后应得到澄清、透明的样品，若样品浑浊或有颜色，应重复浓硫酸净化和硅胶色谱柱净化步骤，确保样品已处理杂质，不会影响气质联用仪器分析。

八、思考题

1. 生物的脂肪含量和土壤/沉积物的有机质含量对 BSAF 的计算结果有何影响？

2. 不同 DDTs 的 BSAF 是否存在差异？与不同 DDTs 类化合物的物理化学性质和生物代谢有何联系？

实验六　鱼体内多溴联苯醚的组织分配

一、实验背景

根据动物组织分配的房室模型，外源化合物进入生物体后优先分配至血液灌流充分的器官，如肝脏、肾脏、心脏，然后分配至血液灌注不充分的器官，如脂肪、骨骼、皮肤。在某些器官组织存在特殊的生理过程。脊椎动物的大部分代谢酶在肝脏中，肝脏不仅是糖类、脂肪、蛋白质等营养物质的代谢转化器官，也是主要的外源化合物解毒器官。因此肝脏的各类污染物及代谢产物浓度一般高于其他组织更高。排泄相关的组织有肾、肝、胆、肠、呼吸道、外分泌腺等，以肾、肝、胆为主。分子量小、极性高、水溶性强的化合物更容易通过肾随尿而排出。分子量大的极性物质通过胆汁进入肠道排出体外。紧密排列的毛细血管内皮细胞、神经胶质细胞、黏多糖等组成了血液和脑脊液之间的屏障，能够阻止高分子量的外源化合物由血液进入脑组织。一般重金属离子和小分子量有机物能进入脑组织，大分子量有机污染物无法进入。

二、实验目的

1. 掌握检测生物样品中多溴联苯醚的前处理和仪器方法。
2. 了解不同生物组织中多溴联苯醚的分布规律，加深对多溴联苯醚生物富集过程的认识。

三、实验原理

生物组织样品冷冻干燥后，磨碎过筛，称重，用丙酮-正己烷混合液索氏抽提 48h，转移抽提液至浓缩管，浓缩萃取液并将其溶剂置换为正己烷。将浓缩液通过层析柱净化样品的蛋白质、脂肪等成分，分离除目标化合物，目标化合物组分浓缩后转移至细胞瓶，加入内标后定容。根据保留时间定性，内标法定量。

四、实验仪器与材料

1. 仪器设备

(1) 气相色谱-质谱联用仪（Agilent 7890B-5977B）。

(2) 色谱柱：DB-5MS（15m×0.25mm×0.10μm）。

(3) 精度为 0.0001g 的电子天平。

(4) 旋转蒸发仪。

(5) 超声波清洗机。

(6) 氮吹浓缩仪。

(7) 冷冻干燥仪。

(8) 剪刀和镊子。

(9) 500mL 和 250mL 平底烧瓶。

(10) 滴管。

(11) 2mL 色谱进样瓶，带聚四氟乙烯膜衬片瓶盖。

(12) 100mL 量筒。

(13) 450mm 玻璃层析柱和聚四氟乙烯塞子。

（14）移液枪和枪头。

（15）索氏抽提器和冷凝管。

（16）研钵和 200 目筛子。

2. 试剂

（1）正己烷：色谱纯。

（2）二氯甲烷：色谱纯。

（3）丙酮：色谱纯。

（4）浓硫酸：优级纯。

3. 实验材料

（1）滤纸。

（2）脱脂棉。

（3）80～100 目硅胶。

（4）无水硫酸钠。

4. 标样

（1）BDE 28（2,4,4'-Tribromodiphenyl Ether）。

（2）BDE 47（2,2',4,4'-Tetrabromodiphenyl Ether）。

（3）BDE 99（2,2',4,4',5-Pentabromodiphenyl Ether）。

（4）BDE 100（2,2',4,4',6-Pentabromodiphenyl Ether）。

（5）BDE 153（2,2',4,4',5,5'-Hexabromodiphenyl Ether）。

（6）BDE 154（2,2',4,4',5,6'-Hexabromodiphenyl Ether）。

（7）BDE 183（2,2',3,4,4',5',6-Heptabromodiphenyl Ether）。

（8）BDE 209（Decabromodiphenyl Ether）。

（9）BDE 77（3,3',4,4'-Tetrabromodiphenyl Ether）。

（10）BDE 181（2,2',3,4,4',5,6-Heptabromodiphenyl Ether）。

上述 10 种标样在 5mL 的容量瓶中稀释至 20μg/mL 和 2μg/mL 备用。

（11）BDE 118（2,3',4,4',5-Pentabromodiphenyl Ether）。

（12）BDE 128（2,2',3,3',4,4'-Hexabromodiphenyl Ether）。

（13）BDE 205（2,3,3',4,4',5,5',6-Octabromodiphenyl Ether）。

上述 3 种标样在 5mL 的容量瓶中稀释至 10μg/mL 备用。

五、实验步骤

1. 空白样品的准备

（1）野外空白/采样空白

每 15 个样品插入 1 个野外空白样。在每次采样过程中带同样的采样和储存工具，使用来自背景地的鱼肉样品或无水硫酸钠代表样品基质，模拟采样步骤，再运至实验室作为野外空白。

（2）实验室空白

每15个样品增加1个实验室空白样。实验室空白样不含实际样品，使用与本方法相同的替代材料。

（3）空白加标空白和平行样

每15个样品增加1个空白加标空白样。加标空白样中加入含有目标化合物的标准溶液，但不含实际样品；每15个样品插入1个平行样，平行样一般选择含有大部分待测目标化合物浓度可检出的样品。

2. 将鱼解剖后分离鱼皮、肌肉、肝脏、肾脏、心脏、脑、肠道组织（图6-2）。肠道组织须将食物残渣清洗干净。所有样品冷冻干燥后研磨成粉末，用铝箔纸包好后保存于−20℃冰箱待分析。

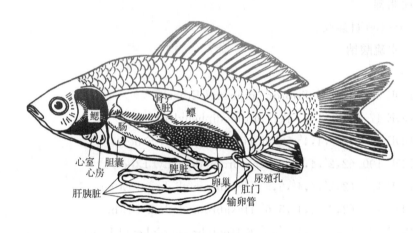

图 6-2　鱼类的组织示意

3. 索氏抽提

在烧瓶中加入200mL正己烷/丙酮（体积比1∶1）的混合液，加入一定量的回收率指示物，调节水浴锅温度至大约60℃，开启索氏抽提器上部冷却水，将样品放入索氏抽提器内抽提48h，转移抽提液至浓缩管内。

4. 浓缩并转换溶剂为正己烷

将萃取液转移到浓缩管中，用铝箔纸盖住浓缩管顶端以防止实验室灰尘或水汽进入，旋转蒸发至约1mL左右，加入10mL正己烷再浓缩至1mL以置换溶剂。

5. 层析分离

（1）层析柱的制备

将干净的玻璃层析柱固定在铁架台上，装入聚四氟乙烯塞子，在层析柱底端放入少量脱脂棉，并玻璃棒压实，用正己烷淋洗层析柱并除去正己烷，再加入少许正己烷，关闭塞子，在距层析柱底端8cm、8cm、17cm处作记号，用滴管向层析柱内加入处理后的中性氧化铝，边加边敲实色谱柱，直到氧化铝高度为8cm，用滴管向层析柱内加入处理后的酸性硅胶，边加边敲实色谱柱，直到氧化铝高度为8cm，用滴管向层析柱内加入

1cm 高度处理后的无水硫酸钠，以除去萃取液中的水分杂质。

（2）样品的净化分离

打开聚四氟乙烯塞子，将层析柱内多余的正己烷流至硅胶顶端，关闭塞子。将样品萃取液浓缩后转移至柱子内，打开聚四氟乙烯塞子，液面达到硅胶顶端时关闭塞子，分别用 2mL 正己烷清洗浓缩管，清洗液转移至柱头，打开塞子，让液面流至硅胶顶端处时关闭塞子，重复 3 次，用 70mL 正己烷/二氯甲烷（体积比 1:1）混合溶液冲洗层析柱，收集淋洗液至鸡心瓶中。

6. 浓缩与定容

使用旋转蒸发仪浓缩萃取液到 1mL 左右，转移萃取液至进样瓶内，氮吹至近干。使用 10mL 正己烷分 4 次润洗鸡心瓶壁，将正己烷转移至进样瓶内氮吹至近干，加入定量内标后定容至最终体积 0.1mL，压盖保存。

7. 样品脂肪含量测定

将鱼类组织样品冷冻干燥后称量样品的湿重 M_1、干重 M_2。取约 0.5g 干重的蚯蚓（质量 M_3）加入玻璃试管，加入 3mL 正己烷，超声萃取 30min 后转移有机相至进样瓶；分别称量空进样瓶质量 M_4、烘干后萃取液＋进样瓶质量 M_5。

8. 仪器分析

样品中 PBDEs 含量采用气相色谱分析，仪器参数如下：在负化学电离源（NCI）下采用 SIM 模式，载气流速 1.3mL/min，无分流进样，进样量为 1μL。进样口和离子源温度分别为 290℃ 和 260℃。气相色谱（GC）升温程序：起始温度 110℃，保持 5min 后以 20℃/min 升温至 200℃，然后以 10℃/min 升温至 310℃ 并保留 10min。定量离子为 BDE 209：m/z 486.7/492.7，其他所有 PBDEs：m/z 79/81。

多溴联苯醚等环境痕量污染物在环境介质中浓度很低，仪器响应受样品基质干扰严重。为了尽可能消除人为实验和仪器操作、样品基质带来的定量误差，多溴联苯醚的分析一般使用内标法，标准曲线中包括目标化合物、回收率指示物、内标化合物。在本实验中采用 BDE 77 和 BDE 181 作为回收率指示物，验证在样品前处理和仪器分析过程中内标化合物的回收率。采用 BDE 118、BDE 128 和 BDE 205 作为内标化合物，基于目标化合物的仪器响应值定量样品中目标化合物的含量。标准曲线中对目标化合物和回收率指示物设置不同的浓度梯度，内标化合物的浓度保持不变，标准曲线的浓度梯度不少于 7 个点。本实验可参考表 6-5～表 6-7 中的标准曲线浓度与配制体积等信息。

表 6-5　多溴联苯醚标准曲线的浓度　　　　　　　　　　　单位：μg/mL

项目	储备液 1	储备液 2	浓度 1	浓度 2	浓度 3	浓度 4	浓度 5	浓度 6	浓度 7
BDE 28	20	2.00	0.01	0.02	0.05	0.10	0.20	0.50	1.00
BDE 47	20	2.00	0.01	0.02	0.05	0.10	0.20	0.50	1.00
BDE 99	20	2.00	0.01	0.02	0.05	0.10	0.20	0.50	1.00
BDE 100	20	2.00	0.01	0.02	0.05	0.10	0.20	0.50	1.00

项目	储备液1	储备液2	浓度1	浓度2	浓度3	浓度4	浓度5	浓度6	浓度7
BDE 153	20	2.00	0.01	0.02	0.05	0.10	0.20	0.50	1.00
BDE 154	20	2.00	0.01	0.02	0.05	0.10	0.20	0.50	1.00
BDE 183	20	2.00	0.01	0.02	0.05	0.10	0.20	0.50	1.00
BDE 209	20	2.00	0.01	0.02	0.05	0.10	0.20	0.50	1.00
BDE 77	20	2.00	0.01	0.02	0.05	0.10	0.20	0.50	1.00
BDE 181	20	2.00	0.01	0.02	0.05	0.10	0.20	0.50	1.00
BDE 118	10		0.20	0.20	0.20	0.20	0.20	0.20	0.20
BDE 128	10		0.20	0.20	0.20	0.20	0.20	0.20	0.20
BDE 205	10		0.20	0.20	0.20	0.20	0.20	0.20	0.20

表 6-6 多溴联苯醚标准曲线的标准品配制体积 (1)　　　单位：μL

项目	浓度5	浓度6	浓度7
总体积	1000	1000	1000
正己烷	840	690	440
BDE 28	10	25	50
BDE 47	10	25	50
BDE 99	10	25	50
BDE 100	10	25	50
BDE 153	10	25	50
BDE 154	10	25	50
BDE 183	10	25	50
BDE 209	10	25	50
BDE 77	10	25	50
BDE 181	10	25	50
BDE 118	20	20	20
BDE 128	20	20	20
BDE 205	20	20	20

注：储备液1和有机溶剂加标体积。

表6-7　多溴联苯醚标准曲线的标准品配制体积（2）　　　　单位：μL

项目	浓度1	浓度2	浓度3	浓度4
总体积	1000	1000	1000	1000
正己烷	890	840	690	440
BDE 28	5	10	25	50
BDE 47	5	10	25	50
BDE 99	5	10	25	50
BDE 100	5	10	25	50
BDE 153	5	10	25	50
BDE 154	5	10	25	50
BDE 183	5	10	25	50
BDE 209	5	10	25	50
BDE 77	5	10	25	50
BDE 181	5	10	25	50
BDE 118	20	20	20	20
BDE 128	20	20	20	20
BDE 205	20	20	20	20

注：储备液2和有机溶剂加标体积。

六、实验数据记录和计算

1. 鱼类组织样品的脂肪含量的计算

$$f_1 = \frac{M_5 - M_4}{M_3} \times \frac{M_2}{M_1} \tag{6-12}$$

式中　f_1——鱼类样品的脂肪含量；

　　　M_1——所有蚯蚓样品的湿重，g；

　　　M_2——所有蚯蚓样品的干重，g；

　　　M_3——待分析蚯蚓样品的干重，g；

　　　M_4——空进样瓶的质量，g；

　　　M_5——烘干后萃取液＋进样瓶的质量，g。

2. PBDEs在鱼类不同组织间的分配比例的计算

$$TDR = \frac{C_m/f_m}{C_n/f_n} \tag{6-13}$$

式中　TDR——不同鱼类组织间的PBDEs分配系数（tissue distribution ratio）；

　　　C_m——鱼类组织m中的PBDEs浓度，ng/g；

　　　f_m——鱼类组织m的脂肪含量；

C_n——鱼类组织 n 中的 PBDEs 浓度，ng/g；

f_n——鱼类组织 n 的脂肪含量。

3. 质量保证与质量控制

样品处理前加入一定量的回收率指示物，整个样品处理过程中增加野外空白、实验室空白、空白加标和平行样。每次采样过程中准备野外空白样品，采样结束后空白样品同样品一起处理和分析。计算回收率包括加标回收率和每个样品中指示物的回收率。对于空白中检出的甾醇，检出限为空白中平均浓度加上 3 倍标准偏差。空白中没有检出的多溴联苯醚，检出限为 10 倍仪器信噪比对应的响应值，或标准曲线的最低浓度。要求回收率指示物和目标化合物的准确度在 80%～120% 范围，平行样间的相对标准偏差小于 15%。

七、注意事项

1. 为了解实验的准确度，包括所有空白样及平行样等所有样品均可加入回收率指示物标样。回收率指示物和内标指示物的选择标准一致。

2. 为了解实验的准确度，每 15 个样品增加 1 个标准参考物质样品。标准参考物质推荐采用美国国家标准和技术研究所（National Institute of Standard and Technology，NIST）、欧洲标准局标准物质（Institute for Reference Materials and Measurements，IRMM）、中国国家标准物质中心的产品。如果无法购买标准参考物质，可采集浓度较低的基质，加入已知含量的标样，计算检测方法的回收率。

八、思考题

1. 生物组织中的多溴联苯醚含量有何差异？不同组织的生理功能对多溴联苯醚的组织分布有何影响？

2. 在多溴联苯醚的环境监测和生态风险评估中，应该使用哪些生物组织作为污染监测样品？

实验七　鱼类食物链中多氯联苯的生物放大

一、实验背景

食物摄取是主要的生物体污染物暴露途径。有机污染物能够通过食物链进入高营养级生物体内，如果捕食者体内的污染物浓度高于食物，这种现象称为生物放大。通过对生物体内污染物的含量和其食物中该污染物的含量进行对比，可以衡量这些污染物在食物链中的生物放大程度。生物放大因子（biomagnification factor，BMF）是捕食者和被捕食者体内污染物的含量比值，若 BMF 大于 1，则说明污染物在食物链中发生生物放大。环境污染物的生态和健康风险评估中常使用水-生物和土-生物的生物浓缩过程来衡量污染物的生物富集能力，但对于野外生态系统的大多数生物，尤其是高营养级生物来说，BMF 能够更好地反映环境污染物的蓄积和风险。人类处于食物链的顶端，了解环境污染物的 BMF 对于人体的污染物暴露和环境健康研究也有着重要意义。

二、实验目的

1. 掌握检测不同生物介质样品中多氯联苯的前处理和仪器方法。
2. 了解野外食物链中污染物生物放大能力的评估方法。

三、实验原理

生物组织样品冷冻干燥后，磨碎过筛，称重，用丙酮-正己烷混合液索氏抽提 48h，转移抽提液至浓缩管，浓缩萃取液并将其溶剂置换为正己烷。将浓缩液通过层析柱净化样品的蛋白质、脂肪等成分，分离除目标化合物，目标化合物组分浓缩后转移至细胞瓶，加入内标后定容。根据保留时间定性，内标法定量。

四、实验仪器与材料

1. 仪器设备

（1）玻璃鱼缸（120cm×45cm×80cm），配有金属棒加热器、循环水净化装置、净化装置、供养装置。

（2）气相色谱-质谱联用仪（Agilent 7890B-5977B）。

（3）色谱柱：DB-5MS（60m×0.25mm×0.25μm）。

（4）精度为 0.0001g 的电子天平。

（5）旋转蒸发仪。

（6）超声波清洗机。

（7）氮吹浓缩仪。

（8）冷冻干燥仪。

（9）剪刀和镊子。

（10）500mL 和 250mL 平底烧瓶。

（11）滴管。

（12）2mL 色谱进样瓶，带聚四氟乙烯膜衬片瓶盖。

（13）100mL 量筒。

（14）450mm 玻璃层析柱和聚四氟乙烯塞子。

（15）移液枪和枪头。

（16）索氏抽提器和冷凝管。

（17）研钵和 200 目筛子。

2. 试剂

(1) 正己烷：色谱纯。

(2) 二氯甲烷：色谱纯。

(3) 丙酮：色谱纯。

(4) 浓硫酸：优级纯。

3. 实验材料

(1) 滤纸。

(2) 脱脂棉。

(3) 80～100 目硅胶。

(4) 无水硫酸钠。

(5) 鲤鱼（*Cyprinus carpio*）。

4. 标样

(1) PCB 28（2,4,4'-Trichlorobiphenyl）。

(2) PCB 52（2,2',5,5'-Tetrachlorobiphenyl）。

(3) PCB 101（2,2',4,5,5'-Pentachlorobiphenyl）。

(4) PCB 118（2,3',4,4',5-Pentachlorobiphenyl）。

(5) PCB 138（2,2',3,4,4',5'-Hexachlorobiphenyl）。

(6) PCB 153（2,2',4,4',5,5'-Hexachlorobiphenyl）。

(7) PCB 183（2,2',3,4,4',5',6-Heptachlorobiphenyl）。

(8) PCB 24（2,3,6-Trichlorobiphenyl）。

(9) PCB 82（2,2',3,3',4-Pentachlorobiphenyl）。

上述 9 种标样在 5mL 的容量瓶中稀释至 20μg/mL 和 2μg/mL 备用。

(10) PCB 30（2,4,6-Trichlorobiphenyl）。

(11) PCB 65（2,3,5,6-Tetrachlorobiphenyl）。

上述 2 种标样在 5mL 的容量瓶中稀释至 10μg/mL 备用。

五、实验步骤

1. 鱼类的室内暴露

用于实验的鱼选取本土生物鲤鱼（*Cyprinus carpio*），食性较杂，对水质和水温适应性强、要求不高，生活繁殖于 20～30℃ 的水温环境中，便于在实验室中进行养殖。

取 PCBs 28、52、101、118、138、153 和 183 标准品各 400μg 添加到 5g 玉米油中，加入 400g 鱼食，摇晃均匀后避光放置于通风橱，待溶剂挥发干后保存于 -20℃ 冰箱。鱼食中各 PCBs 的终浓度约为 1μg/g。将 28 只鲤鱼随机放置于 2 个玻璃鱼缸中（120cm×45cm×80cm），选择其中 1 个鱼缸作为实验组，另 1 个鱼缸为对照组。实验中鱼缸饲养 18 只鲤鱼，对照组鱼缸饲养 10 只鲤鱼，通过金属棒加热养殖用水，保持水温在 22℃ 左右。每天按照鱼类体重的 1% 投放食物，鱼缸中养殖用水通过循环水泵以

1.5L/min 的速度循环。首先使用未污染的食物喂养对照组和实验组鱼类 14d，待鱼类适应养殖环境后再开始暴露实验。对照组鱼缸喂养未加污染物的鱼食，实验组鱼缸中添加混合 PCBs 后的鱼食。

暴露实验后每天定时收集鱼粪便样品，连续暴露 28d，在暴露开始后的第 7d、17d、14d、28d 从实验组鱼缸中取出 3 只鱼类样品，解剖背部肌肉待实验分析。剩下的 10 只暴露组鱼类转移到第 3 个鱼缸中，投喂未混合 PCBs 的鱼食，喂养环境参数不变，每天收集鱼粪。在清除期第 14d 和 28d 粪便取出 3 只鲤鱼，解剖背部肌肉，冷冻干燥后保存于 −20℃待分析。

2. 空白样品的准备

（1）实验室空白

每 15 个样品增加 1 个实验室空白样。实验室空白样不含实际样品，使用无水硫酸钠作为样品的替代材料，分析方法与实际样品相同。

（2）空白加标空白和平行样

每 15 个样品增加 1 个空白加标空白样。加标空白样中加入含有目标化合物的标准溶液，但不含实际样品；每 15 个样品插入 1 个平行样，平行样一般选择含有大部分待测目标化合物浓度可检出的样品。

3. 索氏抽提

在烧瓶中加入 200mL 正己烷/丙酮（体积比 1∶1）的混合液，加入一定量的回收率指示物，调节水浴锅温度至大约 60℃，开启索氏抽提器上部冷却水，将样品放入索氏抽提器内抽提 48h，转移抽提液至浓缩管内。

4. 浓缩并转换溶剂为正己烷

将萃取液转移到浓缩管中，用铝箔纸盖住浓缩管顶端以防止实验室灰尘或水汽进入，旋转蒸发至约 1mL 左右，加入 10mL 正己烷再浓缩至 1mL 以置换溶剂。

5. 层析分离

（1）层析柱的制备

将干净的玻璃层析柱固定在铁架台上，装入聚四氟乙烯塞子，在层析柱底端放入少量脱脂棉，并玻璃棒压实，用正己烷淋洗层析柱并除去正己烷，再加入少许正己烷，关闭塞子，在距层析柱底端 8cm、8cm、17cm 处作记号，用滴管向层析柱内加入处理后的中性氧化铝，边加边敲实色谱柱，直到氧化铝高度为 8cm，用滴管向层析柱内加入处理后的酸性硅胶，边加边敲实色谱柱，直到氧化铝高度为 8cm，用滴管向层析柱内加入 1cm 高度处理后的无水硫酸钠，以除去萃取液中的水分杂质。

（2）样品的净化分离

打开聚四氟乙烯塞子，将层析柱内多余的正己烷流至硅胶顶端，关闭塞子。将样品萃取液浓缩后转移全柱子内，打开聚四氟乙烯塞子，液面达到硅胶顶端时关闭塞子，分别用 2mL 正己烷清洗浓缩管，清洗液转移至柱头，打开塞子，让液面流至硅胶顶端处时关闭塞子，重复 3 次，用 70mL 正己烷/二氯甲烷（体积比 1∶1）混合溶液冲洗层析柱，收集淋洗液至鸡心瓶中。

6. 浓缩与定容

使用旋转蒸发仪浓缩萃取液到 1mL 左右，转移萃取液至进样瓶内，氮吹至近干。使用 10mL 正己烷分四次润洗鸡心瓶壁，将正己烷转移至进样瓶内氮吹至近干，加入定量内标后定容至最终体积 0.1mL，压盖保存。

7. 样品脂肪含量测定

将食品样品冷冻干燥后称量样品的湿重 M_1、干重 M_2。取约 0.5g 干重的样品（质量 M_3）加入玻璃试管，加入 3mL 正己烷，超声萃取 30min 后转移有机相至进样瓶；分别称量空进样瓶质量 M_4、烘干后萃取液＋进样瓶质量 M_5。

8. 仪器分析

样品中 PCBs 含量采用气相色谱分析，仪器参数如下：在电子轰击离子源（EI）下采用 SIM 模式，载气流速 1.3mL/min，无分流进样，进样量为 1μL。色谱柱为 DB-5MS ［60m×250μm（内径）×0.25μm］，进样口和离子源温度分别为 290℃和 260℃。气相色谱（GC）升温程序：起始温度 80℃，6℃/min 升温至 240℃，然后 1℃/min 升温至 295℃ 并保留 15min。定量离子为 PCBs 24，28，30：m/z 256/258；PCBs 52，65：m/z 290/292；PCBs 82，101，118：m/z 324/326；PCBs 138，153：m/z 360/362；PCBs 183：m/z 394/396。

多氯联苯等环境痕量污染物在环境介质中浓度很低，仪器响应受样品基质干扰严重。为了尽可能消除人为实验和仪器操作、样品基质带来的定量误差，多氯联苯的分析一般使用内标法，标准曲线中包括目标化合物、回收率指示物、内标化合物。在本实验中采用 PCB 24 和 PCB 82 作为回收率指示物，验证在样品前处理和仪器分析过程中内标化合物的回收率。采用 PCB 30 和 PCB 65 作为内标化合物，基于目标化合物的仪器响应值定量样品中目标化合物的含量。标准曲线中对目标化合物和回收率指示物设置不同的浓度梯度，内标化合物的浓度保持不变，标准曲线的浓度梯度不少于 7 个点。本实验可参考表 6-8～表 6-10 中的标准曲线配制方法和浓度。

表 6-8　多氯联苯标准曲线的标准品配制体积（1）　　　　　　　单位：μL

项目	浓度 5	浓度 6	浓度 7
总体积	1000	1000	1000
正己烷	870	735	510
PCB 28	10	25	50
PCB 52	10	25	50
PCB 101	10	25	50
PCB 118	10	25	50
PCB 138	10	25	50

项目	浓度 5	浓度 6	浓度 7
PCB 153	10	25	50
PCB 183	10	25	50
PCB 24	10	25	50
PCB 82	10	25	50
PCB 30	20	20	20
PCB 65	20	20	20

注：储备液 1 和有机溶剂加标体积。

表 6-9　多氯联苯标准曲线的标准品配制体积（2）　　　　单位：μL

项目	浓度 1	浓度 2	浓度 3	浓度 4
总体积	1000	1000	1000	1000
正己烷	915	870	735	510
PCB 28	5	10	25	50
PCB 52	5	10	25	50
PCB 101	5	10	25	50
PCB 118	5	10	25	50
PCB 138	5	10	25	50
PCB 153	5	10	25	50
PCB 183	5	10	25	50
PCB 24	5	10	25	50
PCB 82	5	10	25	50
PCB 30	20	20	20	20
PCB 65	20	20	20	20

注：储备液 2 和有机溶剂加标体积。

表 6-10　多氯联苯标准曲线的浓度　　　　单位：μg/mL

项目	储备液 1	储备液 2	浓度 1	浓度 2	浓度 3	浓度 4	浓度 5	浓度 6	浓度 7
PCB 28	20	2.00	0.01	0.02	0.05	0.10	0.20	0.50	1.00
PCB 52	20	2.00	0.01	0.02	0.05	0.10	0.20	0.50	1.00
PCB 101	20	2.00	0.01	0.02	0.05	0.10	0.20	0.50	1.00

项目	储备液1	储备液2	浓度1	浓度2	浓度3	浓度4	浓度5	浓度6	浓度7
PCB 118	20	2.00	0.01	0.02	0.05	0.10	0.20	0.50	1.00
PCB 138	20	2.00	0.01	0.02	0.05	0.10	0.20	0.50	1.00
PCB 153	20	2.00	0.01	0.02	0.05	0.10	0.20	0.50	1.00
PCB 183	20	2.00	0.01	0.02	0.05	0.10	0.20	0.50	1.00
PCB 24	20	2.00	0.01	0.02	0.05	0.10	0.20	0.50	1.00
PCB 82	20	2.00	0.01	0.02	0.05	0.10	0.20	0.50	1.00
PCB 30	10		0.20	0.20	0.20	0.20	0.20	0.20	0.20
PCB 65	10		0.20	0.20	0.20	0.20	0.20	0.20	0.20

六、实验数据记录和计算

1. 样品的脂肪含量按下式计算：

$$f_1 = \frac{M_5 - M_4}{M_3} \times \frac{M_2}{M_1} \quad (6\text{-}14)$$

式中　f_1——食品的脂肪含量；

M_1——所有食品样品的湿重，g；

M_2——所有食品样品的干重，g；

M_3——待分析食品样品的干重，g；

M_4——空进样瓶的质量，g；

M_5——烘干后萃取液＋进样瓶的质量，g。

2. 采用暴露期鱼粪便中的各污染物含量与鱼食中的污染物含量比较，获得污染物的鱼类肠道吸收效率：

$$C_t = \frac{\alpha \times I \times C_F}{K_d \times [1 - \exp(-K_d \times t)]} \quad (6\text{-}15)$$

式中　C_t——时间 t 时鱼体内 PCBs 含量，ng/g 脂肪重量；

C_F——暴露期鱼食中的 PCBs 含量，ng/g 干重；

K_d——PCBs 的清除速率；

α——鱼类的 PCBs 吸收效率；

I——鱼类的日进食量，g；

t——鱼类的 PCBs 暴露时间，d。

3. 鱼类的 PCBs 清除速率按照一级动力学方程进行拟合：

$$\ln C_t = \ln C_0 + K_d t \quad (6\text{-}16)$$

$$t_{1/2} = \frac{\ln 2}{K_d} \quad (6\text{-}17)$$

式中　C_t——时间 t 时鱼体内 PCBs 含量，ng/g 脂肪重量；

$\quad\quad$ C_0——清除期开始时鱼体内 PCBs 的含量，ng/g 脂肪重量；

$\quad\quad$ K_d——PCBs 的清除速率；

$\quad\quad$ $t_{1/2}$——PCBs 的清除半衰期，d；

$\quad\quad$ t——鱼类的 PCBs 清除时间，d。

4. PCBs 在鱼类食物链中的生物放大系数：

$$BMF = \frac{\alpha I}{K_d} \qquad (6-18)$$

式中　BMF——PCBs 在鱼类食物链中的生物放大因子（biomagnification factor）；

$\quad\quad$ K_d——PCBs 的清除速率；

$\quad\quad$ α——鱼类的 PCBs 吸收效率；

$\quad\quad$ I——鱼类的日进食量，g。

5. 质量保证与质量控制

样品处理前加入一定量的回收率指示物，整个样品处理过程中增加实验室空白、空白加标和平行样。每次采样过程中准备野外空白样品，采样结束后空白样品同样品一起处理和分析。计算回收率包括加标回收率和每个样品中指示物的回收率。对于空白中检出的甾醇，检出限为空白中平均浓度加上 3 倍标准偏差。空白中没有检出的多溴联苯醚，检出限为 10 倍仪器信噪比对应的响应值，或标准曲线的最低浓度。要求回收率指示物和目标化合物的准确度在 80%～120%范围，平行样间的相对标准偏差小于 15%。

七、注意事项

1. 为了解实验的准确度，包括所有空白样及平行样等所有样品均可加入回收率指示物标样。回收率指示物和内标指示物的选择标准一致。

2. 为了解实验的准确度，每 15 个样品增加 1 个标准参考物质样品。标准参考物质推荐采用美国国家标准和技术研究所（National Institute of Standard and Technology，NIST）、欧洲标准局标准物质（Institute for Reference Materials and Measurements，IRMM）、中国国家标准物质中心的产品。如果无法购买标准参考物质，可采集浓度较低的基质，加入已知含量的标样，计算检测方法的回收率。

八、思考题

1. 鱼类的 PCBs 清除速率、吸收速率和生物放大系数有何规律？与 PCBs 的分子量和物理化学参数有何关系？

2. 在本实验的鱼类暴露食物链中得到的 PCBs 生物放大系数，与野外水体实测的 PCBs 生物放大系数值是否一致？室内暴露与野外实测的不同 PCBs 单体化合物生物放大系数是否有同样规律？

第七章

环境健康实验

第一节　实验准备：样品采集、运输与保存

1. 人体样品的采集要求

随着全球经济发展及大量人造化学品的迅速研发与广泛使用，环境污染已成为导致人类疾病甚至死亡的重要因素之一。识别影响人体健康的关键环境风险、采取相应的预防干预措施，是现代社会保护人群健康的重大需求。环境健康研究包括环境流行病学、环境毒理学、环境健康危险度评价等分支学科。人类的环境污染物外暴露途径包括饮食摄入、灰尘摄入、皮肤暴露、空气摄入。近年来学界提出了暴露组学的概念，代表了人在一生中接触的所有环境暴露因素的总和。人体外暴露样品主要包括空气、灰尘、皮肤擦拭样、食品，样品保存和实验方法与本书中气体、液体、固体一致。

由于人体对环境污染物的吸收、分配、代谢、排泄等过程十分复杂，环境外暴露与人体内暴露之间往往存在较大差异。虽然许多材料都可以用来作为人群暴露的生物指示物，但是没有一种材料是在所有情况下都可使用的。理想的作为生物指示物的材料必须具有一系列的特点，例如容易获得足够分析的样品量、不能引起捐献者的健康损伤、在现有的检测条件下生物材料中污染物的浓度可以被检测定量以及能反映人体的污染物水平。另外，这些材料最好容易采集和保存，而且能检测出所有体内含有的污染物。头发、母乳和尿液是常用的非侵入性生物指示物，在作为人体污染水平的指示材料时，这三种生物材料具有各自的优缺点。非侵入性采样虽然不存在采集量方面的限制，但也有其他的缺点。母乳可能是非侵入性材料中最好的一种，甚至可以提供受化学物质暴露的时间趋势等信息。但是最大的缺陷是这种材料只能在授乳女性体内获得。尿液中污染物虽然可以通过尿液排泄时自然分泌的标记物肌酸酐来校正，但是尿液的体积和污染物浓度的多变性是使用尿液做指示材料时最大的问题。

2. 人体样品的采集与保存方法

常见人体内暴露样品采集如下。

（1）血液的采集

收集 2～10mL 血样于洗净的玻璃试管中，封口冷藏备用。若不加抗凝剂，可静置1h后离心分离血清和血细胞。若加入抗凝剂，可根据抗凝剂类型进行静置分离血浆。

用于污染物分析的血液样品保存于－20℃冰箱，用于生物化学和分子生物学分析的血液样品需保存于－20℃冰箱。

（2）尿液的采集

尿液中的排泄物一般以晨尿中浓度较高，可一次性收集，也可收集 8h 或 24h 的总排尿量，测定结果为收集时间内尿液中污染物的平均含量。尿液样品需要冷冻保存于－20℃冰箱。

（3）毛发和指甲的采集

毛发和指甲样品的采集和保存比较方便，因而在环境分析中应用较广泛。样品采集后常去离子水冲洗，晾干或冷冻干燥后备用。部分研究也使用中性洗涤剂或有机溶剂洗涤。有条件时冷冻保存，也可常温保存于干燥箱中。

第二节　环境健康实验技术

实验一　头发中重金属的监测

一、实验背景

血液是一种理想的生物指示材料，血液不断地与身体的全部组织和器官联系，也与储存污染物的组织和器官维持着污染物浓度的平衡。很多环境健康研究通过分析人体血液或其他体液内的环境污染物，探索各类污染物与疾病之间的统计学联系，最终确定导致疾病的物质及其暴露来源。但是，血液在对生物累积较低的痕量污染物的指示作用并不理想。另外，血液是一种侵入性采集的材料，采集量通常受到限制。由于这些优点和缺点的存在，血液虽然被广泛地用于人群的生物监测上，但也受到伦理学限制。

头发是一种稳定的生物材料，在作为人群污染的生物指示物上有突出的优点，如容易采集、费用低廉、运输和保存方便以及可以提供短期和长期暴露的信息。目前，在利用头发作为人群污染的生物指示物的研究中，在头发采集的长度、数量、离头皮的位置以及头发的前处理方面也存在着较大的差异。

二、实验目的

1. 掌握头发中重金属的分析检测方法。

2. 了解头发等非侵入性监测手段在环境健康研究中的应用。

三、实验原理

在人发生长过程中，血液中的污染物会持续传输至毛囊并在人发中蓄积，由于人发由角质化的细胞组成，在血液-头发间分配的环境污染物能够稳定储存。人发同时也通过大气-人发分配和灰尘、大气颗粒物沉降等途径蓄积了来自外部环境中的污染物。因此人发可以同时反映人体内暴露与外暴露情况。

人发的生长速度约为每月2~3cm，为了解环境污染物的人体内暴露情况，通常采集贴近头皮的2~3cm人发进行实验，可以尽量降低外源污染对人发中污染含量的贡献，了解近期人体的内暴露水平。

四、实验仪器与材料

1. 仪器设备

（1）微波消解仪。

（2）电子分析天平。

（3）火焰原子吸收光谱仪。

（4）电热鼓风恒温干燥箱。

（5）超纯水机。

2. 试剂

（1）超纯水：电阻率≥18.2MΩ·cm（25℃）。

（2）浓硝酸：优级纯。

（3）过氧化氢：优级纯。

3. 材料

（1）250mL玻璃锥形瓶。

（2）50mL特氟龙管。

4. 重金属标准溶液

Cd、Pb、Cu、Cr、Zn混合液。

五、实验步骤

1. 头发样品的采集和清洗

使用剪刀尽量贴近志愿者头皮剪取2cm的头发，收集大约1g头发。将头发放置于250mL玻璃锥形瓶中，加入150mL超纯水，在恒温振荡摇床中以100r/min振荡清洗24h。重复该步骤一次后取出头发样品，在40℃下低温烘干待下一步实验。

2. 称取1g左右的头发样品置于50mL的特氟龙管中，加入8mL浓硝酸和2mL过氧化氢，预消解30min后，将消化管转移至微波消解系统中。头发的消解使用微波消解仪。消解的程序为：10min升温至160℃，保持30min；10min从160℃升至180℃，保持30min。冷却至室温，消解液过滤，用超纯水（电阻为18.2Ω）定容至25mL。

3. 重金属 Cd、Pb、Cu、Cr 及 Zn 的浓度用火焰原子吸收光谱仪测定。采用手动进样，灯电流为 75%，火焰类型为空气-乙炔火焰，Cd、Pb、Cu、Cr 及 Zn 的测定波长分别为 228.8nm、283.3nm、324.7nm、357.9nm 及 213.8nm，通带宽度均为 0.5nm。标准曲线中重金属浓度为 0μg/mL、2μg/mL、5μg/mL、10μg/mL、20μg/mL、50μg/mL、100μg/mL。

六、实验数据记录和计算

人发中的各重金属浓度为

$$C = C_0 \frac{V}{M} \tag{7-1}$$

式中　C——样品中污染物含量，μg/g；

C_0——样品中重金属的测量值，μg/mL；

V——样品的定容体积，mL；

M——样品的质量，g。

本实验中样品的定容体积为 25mL，样品的质量为 1g。

七、注意事项

1. 虽然人发属于非侵入性样品，但人发相关实验仍需进行伦理学审查，需要将实验内容及目的告知参与样品采集的人群，签署知情同意书，并通过伦理审查委员会的审查。

2. 人发的成分不同于土壤、沉积物、矿物等非生物介质，若实验中头发未能消解完全，需调整消解液的配比、用量、消解程序，确保头发完全消解。

八、思考题

1. 头发适合作为哪些环境污染物或人体外源化合物的指示材料？
2. 如何改进头发的清洗与前处理方式，尽量去除头发表面吸附的外源颗粒物？

实验二　室内灰尘中污染物测定及暴露风险评估

一、实验背景

环境污染物的人体外暴露途径主要包括灰尘摄入、大气呼吸摄入、食品摄入、皮肤摄入等方式。室内灰尘作为一个重要的污染物载体，对于揭示特定环境的污染物污染特征有着重要的指示作用。在城市生活中，人每天预计有 80% 的时间在室内工作和休息。

世界范围内的大量研究指出普通家庭室内灰尘存在严重的重金属和有机污染物污染问题。室内有污染物的污染水平及组成主要受到室内家居用品及建材装潢的影响。室内的各类电子电器及家具、塑料制品中有大量塑料添加剂,容易在产品使用过程中向环境释放,这些污染物通过空气流通排出室外较慢,室内的污染物会不断累积,并通过室内空气和室内灰尘被人体摄入,对人体健康造成了很大的威胁。而且婴幼儿的污染物暴露风险比成人更高,因为婴幼儿常在地面爬动玩耍,有更高的灰尘摄入机会,很多婴幼儿有咬和吮吸玩具或手指的习惯,这也会导致婴幼儿比成人摄入了更多含有污染物的灰尘。

二、实验目的

1. 掌握灰尘中环境污染物的分析检测技术。
2. 学习不同人群的灰尘污染物摄入风险评估方法。

三、实验原理

室内灰尘是空气颗粒物沉降、室内电子产品和纺织品碎屑脱落、人体表皮碎片、螨虫等多种介质的混合物。地面灰尘能够代表室内环境中的总体污染情况,因此可以通过监测灰尘中的污染物了解室内污染。灰尘可以黏附于人体皮肤,并通过进食过程中的手-口接触进入人体,婴幼儿常在地面爬行,同时有啃食手和玩具的习惯,摄入室内灰尘量高于成年人。因此婴幼儿和成人通过室内灰尘摄入污染物的风险也有所不同。本实验监测室内灰尘中的有机污染物和重金属,并开展灰尘中污染物的人体暴露评估。

四、实验仪器与材料

1. 仪器设备

(1) 气相色谱仪-氢火焰离子化检测器 (Agilent 6890N)。

(2) 色谱柱:HP-5MS (30m×0.25mm×0.25μm)。

(3) 火焰原子吸收光谱仪。

(4) 微波消解仪。

(5) 电子分析天平。

(6) 氮吹仪。

(7) 超声波清洗机。

(8) 旋转蒸发仪。

(9) 超纯水机。

(10) 电热鼓风恒温干燥箱。

2. 试剂

(1) 二氯甲烷:色谱纯。

(2) 丙酮:色谱纯。

(3) 浓硝酸:优级纯。

（4）过氧化氢：优级纯。

3. 材料

（1）玻璃锥形瓶（250mL）。

（2）特氟龙管（50mL）。

（3）玻璃试管（15mL）。

（4）鸡心瓶（100mL）。

（5）玻璃层析柱（长 30cm、直径 1cm）。

（6）棕色样品瓶（2mL）。

（7）100～180 目硅胶。

（8）无水硫酸钠。

4. 标准品

（1）PAEs 标准溶液（DBP 和 DEHP 混合液）。

（2）重金属标准溶液（Cd、Pb、Cu、Cr、Zn 混合液）。

五、实验步骤

1. 灰尘样品采集

以柔软的毛刷采集灰尘样品，毛刷使用前清水清洗后用乙醇洗涤浸泡，晾干后存入密实袋保存。采集室内环境中的地面积灰。样品采集后包于锡箔纸后置于密实袋中暂时保存。去除大颗粒、人发、纤维等较大杂质后，于实验室中过 2mm 筛后保存于 -20℃ 待用。

2. 邻苯二甲酸酯测定

准确称量过筛后的灰尘样品 50mg，将灰尘样品和 5mL 二氯甲烷加入玻璃试管，超声萃取 30min，转移上清液至新试管中，重复 2 次萃取步骤，合并萃取液。合并萃取液并采用旋转蒸发仪浓缩至 2mL 左右，然后采用硅胶柱（10cm 硅胶＋2cm 无水硫酸钠）净化分离，40mL 二氯甲烷洗脱 PAEs。洗脱液用旋转蒸发仪浓缩至 0.5mL，转移至棕色样品瓶待仪器分析。

3. 重金属测定

称取 0.2g 左右的过筛灰尘样品置于消解罐中，加入 8mL 浓硝酸和 2mL 过氧化氢，消解罐的盖子拧紧后，转移至微波消解系统。消解程序设为：2min 升温至 145℃ 保持 5min；2min 升温至 190℃ 保持 5min；最终 2min 升温至 210℃ 保持 20min。程序结束待样品冷却后取出消解罐，并冷却至室温。消解液冷却至室温后过滤，以超纯水（电阻为 18.2Ω）洗涤消解罐内壁并收集过滤，最后以超纯水定容至 10mL。重金属的浓度用火焰原子吸收光谱仪测定。采用手动进样，灯电流为 75%，火焰类型为空气-乙炔火焰，Cd、Pb、Cu、Cr 及 Zn 的测定波长分别为 228.8nm、283.3nm、324.7nm、357.9nm 及 213.8nm，通带宽度均为 0.5nm。标准曲线中重金属浓度为 0μg/mL、2μg/mL、5μg/mL、10μg/mL、20μg/mL、50μg/mL、100μg/mL。

4. PAEs 测定

样品中 PAEs 含量采用气相色谱分析，仪器参数如下。检测器为氢火焰离子化检测器（FID）；毛细管色谱柱：HP-5MS（30m×0.25mm×0.25μm）；升温程序：110℃停留 2min，12℃/min 升温至 220℃，10℃/min 升温至 280℃，280℃停留 5min；不分流进样，进样量为 1.0μL；载气为高纯氦气；进样口温度为 250℃；检测器温度为 280℃。

PAEs 标准曲线的配置：PAEs 原液浓度为 500mg/L，用二氯甲烷稀释为 0.5μg/mL、1.0μg/mL、2.0μg/mL、5.0μg/mL、10μg/mL、20μg/mL、50μg/mL 的标准溶液，采用外标法定量。

六、实验数据记录和计算

灰尘中的重金属和 PAEs 浓度为：

$$C = C_0 \frac{V}{M} \tag{7-2}$$

式中　C——样品中污染物含量，μg/g；

　　　C_0——样品中重金属的测量值，μg/mL；

　　　V——样品的定容体积，mL；

　　　M——样品的质量，g。

重金属浓度计算中 V 为样品的定容体积 10mL，M 为样品重量 0.2g。PAEs 浓度计算中 V 为样品的定容体积 0.5mL，M 为样品重量 0.05g。

人体通过灰尘暴露污染物按下式计算：

$$E = C \frac{D}{BW} \tag{7-3}$$

式中　E——灰尘中污染物的人体外暴露量，μg/(kg·d)；

　　　C——灰尘中污染物含量，μg/g；

　　　D——人体灰尘摄入量，g/d；

　　　BW——人体体重，kg。

D 为成人和婴幼儿的灰尘摄入量 0.05g 和 0.02g。BW 为成人体重 70kg，儿童体重 14kg。

七、注意事项

1. 室内灰尘的收集过程中，应尽量只收集地面灰尘。窗台、电器、纺织品灰尘可能与地面灰尘有不同的污染物含量和组成，地面灰尘能够代表室内环境的总体污染情况。

2. 一般低于 250μm 粒径的室内灰尘才能够通过手-口作用进入人体消化道。本实验为确保有足够的灰尘样品待分析，使用粒径小于 2mm 的灰尘开展实验。

八、思考题

1. 对于不同类型的环境污染物，如 VOCs、重金属、持久性有机污染物、离子型有机污染物，其人体外暴露途径主要是哪些方式？

2. 室内灰尘的粒径和化学成分对灰尘中的污染物含量和人体可利用性有何影响？

实验三 食品中六溴环十二烷的检测

一、实验背景

人体摄入环境中的污染物有着多种途径，包括口腔摄入、皮肤吸收和空气与大气颗粒物的吸入等。食品在农作物种植、禽畜的饲养、加工、包装、贮存、运输、销售等过程中可能因为有意添加或无意带入携带了化学性污染物。鱼、家禽、肉（畜类）、蛋等人们日常食品往往营养价值较高，含有较多的脂肪，易于富集脂溶性较高的有机污染物。而多氯联苯等持久性有机污染物都属于强亲脂性、难以生物降解的有机污染物，在高脂高蛋白食物中富集风险高。因此饮食摄入是人体摄入持久性有机污染物的重要途径，持久性有机污染也是食品安全的重要议题。

六溴环十二烷（hexabromocyclododecane，HBCD）是一种环烷类的添加型阻燃剂，在建筑行业应用最为广泛，主要用在保温材料，如挤塑聚苯乙烯泡沫（XPS）和发泡聚苯乙烯泡沫（EPS）中，也用于聚丙烯、苯乙烯树脂、涤纶织物和合成橡胶涂层、电器设备的外壳、室内装潢材料等产品中。随着近年来 PBDEs 被禁用，HBCD 被部分地用作 PBDEs 的替代品。由于 HBCD 使用量大、持久性强，也具有一定的生物毒性，HBCD 被欧盟列入了《关于在电子电气设备中限制使用某些有害物质指令》（简称 RoHS 指令）的管控物质。在 2014 年《关于持久性有机污染物的斯德哥尔摩公约》最新决议中，HBCD 被从受到管控的 A 类目录化学品名单中部分豁免，可以继续在建筑材料的 EPS 和 XPS 中限制性地使用，这一决议有效期持续 5 年，并可能再次被延长至 2024 年。

HBCD 理论上存在 16 种立体异构体，其中包括 6 对对映异构体及 4 个轴对称的异构体，温度在 160℃以上时会发生异构体间的相互转化。环境中最常见的是 3 对对映异构体 [（±）α-，β-，γ-HBCD]，由于 3 种异构体空间结构上的差异性，导致 3 个异构体的物理化学性质（如极性、偶极矩、水溶性）有一定程度的区别，从而导致 3 种异构体的环境行为存在显著差别。HBCD 工业品中 γ-HBCD 为主要成分，百分含量约占 75%～89%；α-HBCD 和 β-HBCD 含量较低，分别约占 10%～13% 和 1%～12%；以上 3 种主要立体异构体都是外消旋的。

二、实验目的

1. 掌握检测不同食品中六溴环十二烷的前处理方法。

147

2. 了解同分异构体和手性异构体的色谱分离和仪器测试方法。

3. 了解不同六溴环十二烷同分异构体和手性异构体污染差异的相关因素。

三、实验原理

生物组织样品冷冻干燥后，磨碎过筛，称重，用丙酮-正己烷混合液索氏抽提 48h，转移抽提液至浓缩管，浓缩萃取液并将其溶剂置换为正己烷。将浓缩液通过层析柱净化样品的蛋白质、脂肪等成分，分离出目标化合物。目标化合物组分浓缩后转移至细胞瓶，加入内标后定容。

六溴环十二烷的同分异构体浓度通过普通反向色谱柱分离后检测，六溴环十二烷的手性异构体需要使用手性色谱柱进行分离后检测。六溴环十二烷属于弱极性化合物，根据其物理化学性质，理论上适合使用气相色谱-质谱联用仪检测，但是 β-HBCD 和 γ-HBCD 在气相色谱-质谱联用仪的高温条件下会转化为 α-HBCD，因此气相色谱-质谱联用仪只能用于检测多种 HBCD 异构体的总浓度，无法区分同分异构体，液相色谱-质谱联用仪可以检测不同 HBCD 异构体的含量。

四、实验仪器与材料

1. 仪器设备

（1）Agilent HPLC1200-MS/MS6460 三重四极杆液相色谱质谱联用仪。

（2）Eclipse XDB-C18 液相色谱柱（50mm×4.0mm i.d.，1.8μm，Agilent，USA）。

（3）Phenomonex Nucleosil β-PM [20cm×4mm（内径）×5μm]。

（4）精度为 0.0001g 的电子天平。

（5）旋转蒸发仪。

（6）超声波清洗机。

（7）氮吹浓缩仪。

（8）冷冻干燥仪。

（9）剪刀和镊子。

（10）500mL 和 250mL 平底烧瓶。

（11）滴管。

（12）2mL 色谱进样瓶，带聚四氟乙烯膜衬片瓶盖。

（13）100mL 量筒。

（14）450mm 玻璃层析柱和聚四氟乙烯塞子。

（15）移液枪和枪头。

（16）索氏抽提器和冷凝管。

（17）研钵和 200 目筛子。

2. 试剂

（1）正己烷：色谱纯。

（2）二氯甲烷：色谱纯。

（3）丙酮：色谱纯。

（4）浓硫酸：优级纯。

3. 实验材料

（1）滤纸。

（2）脱脂棉。

（3）80～100 目硅胶。

（4）无水硫酸钠。

4. 标样

（1）α-HBCD（α-hexabromocyclododecane）。

（2）β-HBCD（β-hexabromocyclododecane）。

（3）γ-HBCD（γ-hexabromocyclododecane）。

（4）^{13}C-α-HBCD（^{13}C-α-hexabromocyclododecane）。

（5）^{13}C-β-HBCD（^{13}C-β-hexabromocyclododecane）。

（6）^{13}C-γ-HBCD（^{13}C-γ-hexabromocyclododecane）。

上述 6 种标样在 5mL 的容量瓶中稀释至 20μg/mL 和 2μg/mL 备用。

（7）d_{18}-α-HBCD（d_{18}-α-hexabromocyclododecane）。

（8）d_{18}-β-HBCD（d_{18}-β-hexabromocyclododecane）。

（9）d_{18}-γ-HBCD（d_{18}-γ-hexabromocyclododecane）。

上述 3 种标样在 5mL 的容量瓶中稀释至 10μg/mL 备用。

五、实验步骤

1. 空白样品的准备

（1）野外空白/采样空白

每 15 个样品插入 1 个野外空白样。在市场购买样品过程中同时将无水硫酸钠用锡箔纸包装，并装在采样袋中模拟采样步骤，再运至实验室作为野外空白。

（2）实验室空白

每 15 个样品增加 1 个实验室空白样。实验室空白样不含实际样品，使用与本方法相同的替代材料。

（3）空白加标空白和平行样

每 15 个样品增加 1 个空白加标空白样。加标空白样中加入含有目标化合物的标准溶液，但不含实际样品；每 15 个样品插入 1 个平行样，平行样一般选择含有大部分待测目标化合物浓度可检出的样品。

2. 样品采集

在市场采集多种食品，至少包括水产类、禽畜肉类、蛋类、蔬菜类、谷类各一种类型的样品，每种类型样品 3～5 个。所有样品冷冻干燥后研磨成粉末，用铝箔纸包好后保存于−20℃冰箱待分析。

3. 索氏抽提

在烧瓶中加入200mL正己烷/丙酮（体积比1∶1）的混合液，加入一定量的回收率指示物，调节水浴锅温度至大约60℃，开启索氏抽提器上部冷却水，将样品放入索氏抽提器内抽提48h，转移抽提液至浓缩管内。

4. 浓缩并转换溶剂为正己烷

将萃取液转移到浓缩管中，用铝箔纸盖住浓缩管顶端以防止实验室灰尘或水汽进入，旋转蒸发至约1mL左右，加入10mL正己烷再浓缩至1mL以置换溶剂。

5. 层析分离

（1）层析柱的制备

将干净的玻璃层析柱固定在铁架台上，装入聚四氟乙烯塞子，在层析柱底端放入少量脱脂棉，并玻璃棒压实，用正己烷淋洗层析柱并除去正己烷，再加入少许正己烷，关闭塞子，在距层析柱底端8cm、8cm、17cm处作记号，用滴管向层析柱内加入处理后的中性氧化铝，边加边敲实色谱柱，直到氧化铝高度为8cm，用滴管向层析柱内加入处理后的酸性硅胶，边加边敲实色谱柱，直到氧化铝高度为8cm，用滴管向层析柱内加入1cm高度处理后的无水硫酸钠，以除去萃取液中的水分杂质。

（2）样品的净化分离

打开聚四氟乙烯塞子，将层析柱内多余的正己烷流至硅胶顶端，关闭塞子。将样品萃取液浓缩后转移至柱子内，打开聚四氟乙烯塞子，液面达到硅胶顶端时关闭塞子，分别用2mL正己烷清洗浓缩管，清洗液转移至柱头，打开塞子，让液面流至硅胶顶端处时关闭塞子，重复3次，用80mL正己烷/二氯甲烷（体积比1∶1）混合溶液冲洗层析柱，收集淋洗液至鸡心瓶中。

6. 浓缩与定容

使用旋转蒸发仪浓缩萃取液到1mL左右，转移萃取液至进样瓶内，氮吹至近干。使用10mL正己烷分4次润洗鸡心瓶壁，将正己烷转移至进样瓶内氮吹至近干，加入定量内标后定容至最终体积0.1mL，压盖保存。

7. 样品脂肪含量测定

将食品样品冷冻干燥后称量样品的湿重M_1、干重M_2。取约0.5g干重的样品（质量M_3）加入玻璃试管，加入3mL正己烷，超声萃取30min后转移有机相至进样瓶；分别称量空进样瓶质量M_4、烘干后萃取液＋进样瓶质量M_5。

8. 仪器分析

HBCD立体异构体（非对映异构体和对映异构体）含量采用液相色谱/串联质谱（LC-MS/MS）进行分析。使用的仪器为配置电喷雾电离源（ESI）的Agilent 1200高效液相色谱-6460三重四极杆串联质谱仪。

HBCD非对映异构体（α-、β-和γ-HBCD）采用Eclipse XDB-C18液相色谱柱［50mm×4.0mm（内径）×1.8μm，Agilent，USA］分离，以甲醇∶水＝9∶1（v/v）

为流动相 A，以乙腈为流动相 B，流速为 0.25mL/min，进样量 10μL。梯度洗脱程序如下：A 相比例在 0～1min 由 90％降至 60％，继续在 1～5min 由 60％降至 30％，然后在 5～14min 上升至 90％。其他仪器参数如下。干燥气温度为 350℃，流速为 10L/min；毛细管电压为 −4000V；喷雾针压力为 40psi；驻留时间为 200ms；碰撞能量为 −15eV。质谱在 ESI 负电离源下采用多反应监测（MRM）模式扫描，扫描离子质荷比 m/z HBCD 为 640.7→79，^{13}C-HBCD 为 652.7→79，d_{18}-HBCD 为 657.7→79。利用 α-、β-和 γ-HBCD 与对应的回收率指示物 ^{13}C-HBCD 的峰面积比值进行定量，所有 HBCD 和 ^{13}C-HBCD 仪器响应均以对应的内标物 d_{18}-HBCD 校正。

HBCD 对映异构体（$\pm\alpha$-，$\pm\beta$-和 $\pm\gamma$-HBCD）采用手性液相柱 Phenomonex Nucleosil β-PM ［20cm×4mm（内径）×5μm］分离，其色谱优化参数同上述 HBCD 非对映异构体分析。以甲醇：水＝3：7（v/v）为流动相 A，以甲醇：乙腈＝3：7（v/v）为流动相 B，流速为 0.6mL/min，进样量 20μL。梯度洗脱程序如下：A 相比例在 0～2min 时比例为 20％，从 2～6min 由 20％降至 0％，6～8min 保持 0％，然后在 8～10min 上升至 20％。质谱扫描离子与 HBCD 非对映异构体相同。

为了尽可能消除人为实验和仪器操作、样品基质带来的定量误差，HBCD 的分析一般使用内标法，标准曲线中包括目标化合物、回收率指示物、内标化合物。在本实验中采用 ^{13}C-HBCD 作为回收率指示物，验证在样品前处理和仪器分析过程中内标化合物的回收率。采用 d_{18}-HBCD 作为内标化合物，基于目标化合物的仪器响应值定量样品中目标化合物的含量。标准曲线中对目标化合物和回收率指示物设置不同的浓度梯度，内标化合物的浓度保持不变，标准曲线的浓度梯度不少于 7 个点。本实验可参考表 7-1～表 7-3 中的标准曲线的浓度和配制方法。

表 7-1　六溴环十二烷标准曲线的浓度　　　　　　　单位：μg/mL

项目	储备液 1	储备液 2	浓度 1	浓度 2	浓度 3	浓度 4	浓度 5	浓度 6	浓度 7
α-HBCD	20	2.00	0.01	0.02	0.05	0.10	0.20	0.50	1.00
β-HBCD	20	2.00	0.01	0.02	0.05	0.10	0.20	0.50	1.00
γ-HBCD	20	2.00	0.01	0.02	0.05	0.10	0.20	0.50	1.00
^{13}C-α-HBCD	20	2.00	0.01	0.02	0.05	0.10	0.20	0.50	1.00
^{13}C-β-HBCD	20	2.00	0.01	0.02	0.05	0.10	0.20	0.50	1.00
^{13}C-γ-HBCD	20	2.00	0.01	0.02	0.05	0.10	0.20	0.50	1.00
d_{18}-α-HBCD	10		0.20	0.20	0.20	0.20	0.20	0.20	0.20
d_{18}-β-HBCD	10		0.20	0.20	0.20	0.20	0.20	0.20	0.20
d_{18}-γ-HBCD	10		0.20	0.20	0.20	0.20	0.20	0.20	0.20

表 7-2　六溴环十二烷标准曲线的标准品配制体积（1）　　　　　单位：μL

项目	浓度 5	浓度 6	浓度 7
总体积	1000	1000	1000
甲醇	880	790	640
α-HBCD	10	25	50
β-HBCD	10	25	50
γ-HBCD	10	25	50
^{13}C-α-HBCD	10	25	50
^{13}C-β-HBCD	10	25	50
^{13}C-γ-HBCD	10	25	50
d_{18}-α-HBCD	20	20	20
d_{18}-β-HBCD	20	20	20
d_{18}-γ-HBCD	20	20	20

注：储备液 1 和有机溶剂加标体积。

表 7-3　六溴环十二烷标准曲线的标准品配制体积（2）　　　　　单位：μL

项目	浓度 1	浓度 2	浓度 3	浓度 4
总体积	1000	1000	1000	1000
甲醇	910	880	790	640
α-HBCD	5	10	25	50
β-HBCD	5	10	25	50
γ-HBCD	5	10	25	50
^{13}C-α-HBCD	5	10	25	50
^{13}C-β-HBCD	5	10	25	50
^{13}C-γ-HBCD	5	10	25	50
d_{18}-α-HBCD	20	20	20	20
d_{18}-β-HBCD	20	20	20	20
d_{18}-γ-HBCD	20	20	20	20

注：储备液 2 和有机溶剂加标体积。

六、实验数据记录和计算

1. 食品样品的脂肪含量的计算

$$f_1 = \frac{M_5 - M_4}{M_3} \times \frac{M_2}{M_1} \tag{7-4}$$

式中 f_1——食品样品的脂肪含量；

　　　M_1——所有食品样品的湿重，g；

　　　M_2——所有食品样品的干重，g；

　　　M_3——待分析食品样品的干重，g；

　　　M_4——空进样瓶的质量，g；

　　　M_5——烘干后萃取液＋进样瓶的质量，g。

2. 人体通过食品暴露污染物的计算

$$E = C \frac{F}{BW} \tag{7-5}$$

式中 E——食品中污染物的人体外暴露量，$\mu g/(kg \cdot d)$；

　　　C——食品中污染物含量，$\mu g/g$；

　　　F——食品摄入量，g/d；

　　BW——人体体重，kg。

食品摄入量 F 需查阅 EPA 手册或当地人群膳食组成资料。BW 为成人体重 70kg，儿童体重 14kg。

3. 质量保证与质量控制

样品处理前加入一定量的回收率指示物，整个样品处理过程中增加野外空白、实验室空白、空白加标和平行样。每次采样过程中准备野外空白样品，采样结束后空白样品同样品一起处理和分析。计算回收率包括加标回收率和每个样品中指示物的回收率。对于空白中检出的 HBCDs，检出限为空白中平均浓度加上 3 倍标准偏差。空白中没有检出的 HBCDs，检出限为 10 倍仪器信噪比对应的响应值，或标准曲线的最低浓度。要求回收率指示物和目标化合物的准确度在 $80\% \sim 120\%$ 范围，平行样间的相对标准偏差小于 15%。

七、注意事项

1. 为了解实验的准确度，包括所有空白样及平行样等所有样品均可加入回收率指示物标样。回收率指示物和内标指示物的选择标准一致。

2. 为了解实验的准确度，每 15 个样品增加 1 个标准参考物质样品。标准参考物质推荐采用美国国家标准和技术研究所（National Institute of Standard and Technology，NIST）、欧洲标准局标准物质（Institute for Reference Materials and Measurements，IRMM）、中国国家标准物质中心的产品。如果无法购买标准参考物质，可采集浓度较低的基质，加入已知含量的标样，计算检测方法的回收率。

八、思考题

1. 不同食品中的六溴环十二烷含量、同分异构体组成、手性异构体组成有何差异？食品类型和脂肪含量对六溴环十二烷的污染有何影响？

2. 在本实验调查的食品中，哪些食品是人体摄入六溴环十二烷的主要来源？

实验四 食品中全氟羧酸烷基的 QuEChERS 检测及暴露评估

一、实验背景

2003 年，美国农业部提出了基于乙腈提取和分散固相萃取的新型样品前处理技术，由于该方法与传统样品前处理相比具有快速（Quick）、简单（Easy）、便宜（Cheap）、有效（Effective）、可靠（Rugged）和安全（Safe）的优点，因而被简称为 QuEChERS 方法。自 QuEChERS 方法问世以来，国外的分析化学家已经进行了深入的研究和方法验证，并对该方法进行了改进，目前已经成为美国分析化学家协会（AOAC）和欧洲标准化委员会（CEN）的标准方法。

QuEChERS 方法的优点有回收率高、精确度和准确度高、可分析的污染物范围广、分析速度快、溶剂使用量少、污染小、操作简便、有毒物质接触风险少、前处理材料简单等。目前我国的多项环境标准均采用 QuEChERS 作为样品前处理方法，用于监测食品、中药材等介质中的农药等污染物残留。同时 QuEChERS 也越来越广泛地应用于复杂基质中其他有机污染物的样品检测。

二、实验目的

1. 掌握使用 QuEChERS 方法快速检测环境污染物的实验技术。
2. 了解全氟羧酸烷基污染物的仪器分析方法。
3. 了解食品摄入途径的环境污染物人体外暴露评估方法。

三、实验原理

QuEChERS 原理与高效液相色谱和固相萃取相似，都是利用吸附剂填料与样品基质中的杂质相互作用吸附杂质从而达到除杂净化的目的。均质后的样品经乙腈（或酸化乙腈）提取后，采用萃取盐盐析分层后，利用基质分散萃取机理，采用 PSA 或其他吸附剂与基质中绝大部分干扰物（有机酸、脂肪酸、碳水化合物等）结合，通过离心方式去除，从而达到净化的目的。

食品中污染物残留检测前处理常用的提取剂有丙酮、乙酸乙酯、乙腈、甲醇等，QuEChERS 法最初的研究对象是针对水果、蔬菜等含水量较高的农产品，丙酮虽然可以从样品中很好地提取出残留农药，但是其水溶性过强，很难与基质中的水分分开，从而提高了分离难度且影响试验结果；乙酸乙酯只能部分和水互溶，较易分离，但无法将部分水溶性农药从含水基质中萃取完全，因而也不是合适的选择。乙腈相对于乙酸乙酯和丙酮可以对水果、蔬菜样品中的农药有更强的选择性，不易提取出多余的杂质，且可以通过盐析较易与基质中的水分分离，所以该方法需选择不同溶剂萃取不同物理化学性质的污染物。

四、实验仪器与材料

1. 仪器设备

（1）Agilent HPLC1200-MS/MS6460 三重四极杆液相色谱质谱联用仪。

（2）Waters UPLC BEH C18 液相色谱柱（2.1mm×100mm×1.9μm）。

（3）冷冻干燥机。

（4）电子分析天平。

（5）氮吹仪。

（6）超声波清洗机。

（7）电热鼓风恒温干燥箱。

（8）聚乙烯管（50mL）。

（9）棕色样品瓶（2mL）。

2. 试剂

（1）乙腈：优级纯。

（2）甲醇：色谱纯。

（3）氨水：色谱纯。

（4）超纯水：电阻率≥18.2MΩ·cm（25℃）。

3. 实验材料

ENVI-Carb graphite（Sigma-Aldrich）。

4. 标准品储备液

（1）全氟丁烷羧酸（heptafluorobutyric acid，PFBA）。

（2）全氟戊烷羧酸（perfluoropentanoic acid，PFPeA）。

（3）全氟己烷羧酸（perfluorohexanoic acid，PFHxA）。

（4）全氟庚烷羧酸（perfluoroheptanoic acid，PFHpA）。

（5）全氟辛烷羧酸（perfluorooctanoic acid，PFOA）。

（6）全氟壬烷羧酸（perfluorononanoic acid，PFNA）。

（7）全氟癸烷羧酸（perfluorodecanoic acid，PFDA）。

（8）全氟十一烷羧酸（perfluoroundecanoic acid，PFUnA）。

（9）全氟十二烷羧酸（perfluorododecsanoic acid，PFDOA）。

（10）$^{13}C_8$-全氟辛烷羧酸（$^{13}C_8$-perfluorooctanoic acid，$^{13}C_8$-PFOA）。

上述标样在 5mL 的容量瓶中稀释至 20μg/mL 和 2μg/mL 备用。

（11）$^{13}C_8$-全氟辛烷磺酸（$^{13}C_8$-perfluorooctanesulfonate acid，$^{13}C_8$-PFOS）。

上述标样在 5mL 的容量瓶中稀释至 10μg/mL 备用。

五、实验步骤

1. 食品采集

在市场分别采购大米、蔬菜、鸡肉、鱼肉样品，每类食物 3～5 个样品，冷冻干燥后研磨成粉末，储存于－20℃冰箱中待分析。

2. 食品前处理

约 2g 干重食物样品和 20mL 甲醇加入 50mL 聚乙烯 PE 管，超声萃取 10min。萃取液转移至另一 PE 管中氮吹近干，加入 2mL 正己烷，向萃取液加入 200mg ENVI Carb 吸附剂并涡旋 30s。离心分离吸附剂，萃取液后上清液氮吹浓缩至 0.1mL，转移至棕色样品瓶待仪器分析。

3. 仪器分析

使用 Agilent HPLC1200-MS/MS6460 三重四极杆液相色谱质谱联用仪进行。采用 Waters UPLC BEH C18 液相色谱柱（2.1mm×100mm×1.9μm）在 30℃进行色谱分离。样品进样量为 1μL，流动相为 1mmol/L 乙酸铵（A 相）和甲醇（B 相），流速为 0.3mL/min。分析物经色谱分离后用质谱检测，采用负离子电喷雾离子化源（ESI）模式，以多反应监测（MRM）方式扫描。

色谱梯度洗脱流程为：0～2min，B 流动相比例 10%；2～5min，B 流动相比例从 10%增加至 70%；5～10min，B 流动相比例从 70%增加至 95%；10～18min，B 流动相比例保持 95%；18～19min，B 流动相比例从 95%降低至 10%；19～25min，B 流动相比例保持 10%。质谱条件：毛细管电压 4.5kV，脱溶剂气为氮气，脱溶剂温度为 350℃，气压为 40psi。各全氟羧酸烷基化合物的定量离子对如下：PFBA，213→169；PFHxA，313→269；PFHpA，363→319；PFOA，413→369；PFNA，463→419；PFDA，513→469；PFUnA，563→519；PFDOA，613→569；$^{13}C_8$-PFOA，421→372；$^{13}C_8$-PFOS，617→573。全氟羧酸类等环境痕量污染物在环境介质中浓度很低，仪器响应受样品基质干扰严重。

为了尽可能消除人为实验和仪器操作、样品基质带来的定量误差，全氟羧酸类的分析一般使用内标法，标准曲线中包括目标化合物、回收率指示物、内标化合物。在本实验中采用 $^{13}C_8$-PFOA 作为回收率指示物，验证在样品前处理和仪器分析过程中内标化合物的回收率。采用 $^{13}C_8$-PFOS 作为内标化合物，基于目标化合物的仪器响应值定量样品中目标化合物的含量。标准曲线中对目标化合物和回收率指示物设置不同的浓度梯度，内标化合物的浓度保持不变，标准曲线的浓度梯度不少于 7 个点。本实验可参考表 7-4～表 7-6 中的标准曲线浓度与配制体积等信息。

表 7-4　全氟羧酸烷基污染物标准曲线的浓度　　　　　　　　单位：μg/mL

项目	储备液 1	储备液 2	浓度 1	浓度 2	浓度 3	浓度 4	浓度 5	浓度 6	浓度 7
PFBA	20	2.00	0.01	0.02	0.05	0.10	0.20	0.50	1.00

续表

项目	储备液1	储备液2	浓度1	浓度2	浓度3	浓度4	浓度5	浓度6	浓度7
PFPeA	20	2.00	0.01	0.02	0.05	0.10	0.20	0.50	1.00
PFHxA	20	2.00	0.01	0.02	0.05	0.10	0.20	0.50	1.00
PFHpA	20	2.00	0.01	0.02	0.05	0.10	0.20	0.50	1.00
PFOA	20	2.00	0.01	0.02	0.05	0.10	0.20	0.50	1.00
PFNA	20	2.00	0.01	0.02	0.05	0.10	0.20	0.50	1.00
PFDA	20	2.00	0.01	0.02	0.05	0.10	0.20	0.50	1.00
PFUnA	20	2.00	0.01	0.02	0.05	0.10	0.20	0.50	1.00
PFDOA	20	2.00	0.01	0.02	0.05	0.10	0.20	0.50	1.00
$^{13}C_8$-PFOA	20	2.00	0.01	0.02	0.05	0.10	0.20	0.50	1.00
$^{13}C_8$-PFOS	10		0.20	0.20	0.20	0.20	0.20	0.20	0.20

表 7-5　全氟羧酸烷基污染物标准曲线的标准品配制体积（1）　　　　单位：µL

项目	浓度5	浓度6	浓度7
总体积	1000	1000	1000
甲醇	880	730	480
PFBA	10	25	50
PFPeA	10	25	50
PFHxA	10	25	50
PFHpA	10	25	50
PFOA	10	25	50
PFNA	10	25	50
PFDA	10	25	50
PFUnA	10	25	50
PFDOA	10	25	50
$^{13}C_8$-PFOA	10	25	50
$^{13}C_8$-PFOS	20	20	20

注：储备液1和有机溶剂加标体积。

表 7-6　全氟羧酸烷基污染物标准曲线的标准品配制体积（2）　　　　单位：μL

项目	浓度1	浓度2	浓度3	浓度4
总体积	1000	1000	1000	1000
甲醇	930	880	730	480
PFBA	5	10	25	50
PFPeA	5	10	25	50
PFHxA	5	10	25	50
PFHpA	5	10	25	50
PFOA	5	10	25	50
PFNA	5	10	25	50
PFDA	5	10	25	50
PFUnA	5	10	25	50
PFDOA	5	10	25	50
$^{13}C_8$-PFOA	5	10	25	50
$^{13}C_8$-PFOS	20	20	20	20

注：储备液2和有机溶剂加标体积。

六、实验数据记录和计算

食品中的全氟羧酸烷基化合物 PFAS 为：

$$C = C_0 \frac{V}{M} \tag{7-6}$$

式中　C——样品中污染物含量，ng/g；

　　C_0——样品中污染物的测量值，ng/mL；

　　V——样品的定容体积，mL；

　　M——样品的质量，g。

本实验的污染物浓度计算中样品的定容体积 V 为 0.1mL，样品重量 M 为 2g。

人体通过食品暴露污染物按下式计算：

$$E = C \frac{F}{BW} \tag{7-7}$$

式中　E——食品中污染物的人体外暴露量，ng/（kg·d）；

　　C——食品中污染物含量，ng/g；

　　F——食品摄入量，g/d；

BW——人体体重，kg。

食品摄入量 F 需查阅 EPA 手册或当地人群膳食组成资料。BW 为成人体重 70kg，儿童体重 14kg。

七、注意事项

1. 可通过查阅本地人群的食品摄入和人体参数，更准确地评估污染物的人体外暴露。

2. 如果待进样的样品未达到澄清透明状态，可通过冷冻方法使蜡质、脂肪等杂质析出，转移上清液至新进样瓶。

3. 全氟羧酸和磺酸类污染物的前处理不能使用玻璃和聚四氟乙烯材质实验材料，一般使用聚乙烯或聚丙烯材质试管、离心管等耗材。

八、思考题

1. 如何选择 QuEChERS 方法中的萃取溶剂？

2. QuEChERS 方法中的吸附剂可能会影响哪些环境污染物的回收率？

实验五　食品中德克隆类污染物的生物可获得性

一、实验背景

生物可利用性和生物可获得性是生物健康风险评估中的重要因子。生物可利用性是指污染物进入生物体后能够通过消化道吸收，最终到达血液或淋巴组织内的量占摄入总量的比例，表示污染物进入生物体内循环的部分。生物可获得性是指污染物在胃肠道消化过程中，从基质（如土壤、灰尘、食物等）释放到胃肠液中的量与总量的比值，表示基质中污染物能被生物体吸收和利用的部分。

目前，环境中污染物的生物体暴露风险研究越来越多。一般情况下，采用动物或者人体进行活体实验研究能够取得较为准确的实验结果。但是该方法实验周期较长、成本较高，尤其是对于人体的研究存在健康风险，并且会带来一系列的伦理问题。传统的有机污染物生物体暴露风险评估通常采用 100% 的污染物生物可利用度，会高估污染物的暴露风险值。生物可利用性实验需要大量的活体动物进行室内暴露污染物，需要大量的人力物力。而环境污染物生物可获得性可以通过体外方法进行评估，能够简单快速地获得大量污染物相关参数。因此，环境污染物生物可获得性研究近年来在环境学科中得到了迅速发展。

近年来，大量研究通过体外模拟生物体胃肠道消化过程来评估疏水性有机污染物和重金属等化合物的生物可获得性。目前，国际上已建立了诸如 PBET（physiologically based extraction test）、IVGM（in vitro gastrointestinal method）、SHIME（simulator of the human intestinal microbial ecosystem）等十多种体外模型，用以模拟环境基质中污染物在生物体消化系统内的释放过程。体外模型被广泛运用于土壤、灰尘、食物以及大气颗粒物中有机污染物的生物可获得性评估当中。同时，一些研究在风险评估中也引入污染物的生物可获得性这一参数，从而使得风险评估变得更为科学。

二、实验目的

1. 学习模拟消化液的配制方法，了解人体消化食品的体外模型。
2. 了解德克隆类污染物的分析检测方法。
3. 掌握环境污染物的生物可获得性评价方法。

三、实验原理

目前有多种环境污染物生物可获得性的实验方法，本实验采用生理学模型 PBET（physiologically based extraction test）作为研究方法，了解有机氯农药的人体消化道可获得性。人体消化道可分为口腔、食道、胃、小肠、大肠不同阶段，食物在口腔和食道中的停留时间较短，只有数分钟至十几分钟；在胃和小肠中停留时间约为 1h 和 4h；在大肠中的停留时间可长达 24h。本实验通过多种消化酶、无机盐和缓冲溶液模拟人体不同阶段的消化环境，并设置固定的消化液振荡频率和体系温度，模拟真实消化过程，研究食品中污染物释放至胃、小肠、大肠三个阶段消化液的效率。释放至消化液中的污染物即被视为生物可获得的部分，用于计算食品中污染物的生物可获得性。

四、实验仪器与材料

1. 仪器设备
（1）气相色谱-质谱联用仪（Agilent 7890B-5977B）。
（2）色谱柱：DB-5MS（15m×0.25mm×0.10μm）。
（3）精度为 0.0001g 的电子天平。
（4）低速离心机。
（5）恒温水浴摇床。
（6）氮吹仪。
（7）超声波清洗机。
（8）旋转蒸发仪。
（9）电热鼓风恒温干燥箱。
（10）鸡心瓶（100mL）。
（11）玻璃层析柱（长 30cm、直径 1cm）。
（12）棕色样品瓶（2mL）。
（13）特氟龙管（50mL）。
（14）玻璃试管（15mL）。

2. 溶剂

（1）超纯水：电阻率≥18.2MΩ·cm（25℃）。

（2）正己烷：色谱纯。

（3）二氯甲烷：色谱纯。

（4）盐酸：优级纯。

（5）浓硫酸：优级纯。

（6）冰醋酸：优级纯。

3. 实验材料

（1）100～180目硅胶。

（2）无水硫酸钠。

（3）胃蛋白酶。

（4）胰酶。

（5）胆汁盐。

（6）黏蛋白。

（7）乳酸。

（8）L-半胱氨酸。

（9）氯化血红素。

（10）苹果酸钠。

（11）柠檬酸钠。

（12）氯化钠。

（13）氯化钾。

（14）碳酸氢钠。

（15）六水合硫酸镁。

（16）磷酸钾。

（17）磷酸氢二钾。

（18）氯化钙。

（19）七水合硫酸亚铁。

4. 标准品储备液

（1）反式德克隆（Anti-dechlorane plus，anti-DP）。

（2）顺式德克隆（Syn-dechlorane plus，syn-DP）。

（3）灭蚁灵（Mirex）。

（4）德克隆602（Dechlorane602，Dec602）。

（5）德克隆603（Dechlorane603，Dec603）。

（6）德克隆604（Dechlorane604，Dec604）。

（7）^{13}C-反式德克隆（^{13}C-anti-dechlorane plus，^{13}C-anti-DP）。

上述7种标样在5mL的容量瓶中稀释至20μg/mL和2μg/mL备用。

（8）^{13}C-顺式德克隆（^{13}C-syn-dechlorane plus，^{13}C-syn-DP）。

上述标样在 5mL 的容量瓶中稀释至 10μg/mL 备用。

五、实验步骤

1. 不同人体消化液的配制（表 7-7）

（1）胃消化液（1L，pH＝2.5）

苹果酸钠 0.5g，柠檬酸钠 0.5g，乳酸 420μL，冰醋酸 500μL，胃蛋白酶 1.25g，叠氮化钠 0.2g；HCl 调节 pH＝2.5。

（2）小肠消化液（1L，pH＝7）

上述胃消化液中加入胆汁盐 1.78g，胰酶 0.5g；NaHCO$_3$ 调节 pH＝7。

（3）结肠消化液（1L，pH＝6.5）

黏蛋白 4.0g，氯化钠 4.5g，氯化钾 4.5g，碳酸氢钠 1.5g，六水合硫酸镁 1.25g，半胱氨酸盐酸盐 0.8g，磷酸钾 0.5g，磷酸氢二钾 0.5g，胆汁盐 0.4g，氯化钙 0.189g，氯化血红素 0.05g，七水合硫酸亚铁 0.005g，叠氮化钠 0.2g；HCl 调节 pH＝6.5。

表 7-7 模拟消化液组成

模型参数	模拟液组成		
	胃液	小肠液	结肠液
停留时间/h	1	4	8
pH 值	2.5	7.0	6.5
温度/℃	37	37	37
固液比/(g/mL)	1：100	1：100	1：100
胃蛋白酶/(g/L)	1.25	1.25	—
胰酶/(g/L)	—	0.50	—
胆汁/(g/L)	—	1.78	0.40

2. 模拟消化过程

向 1g 鸡肉粉末中加入 500ng 的德克隆标准品，混合均匀后自然风干。将 1g 鸡肉样品加入 100mL 模拟胃液，用 HCl 调节 pH 值为 2.5，置于 37℃ 恒温水浴摇床内震荡 1h，摇床转速为 100r/min。随后加入胆汁盐和胰酶模拟小肠液并用碳酸氢钠调节 pH 值为 7。震荡 4h 后停止恒温振荡。在 4000r/min 转速下离心分离食品残渣和小肠液。随后将食品残渣样品加入 100mL pH 值为 6.5 的模拟结肠液。震荡 8h 后离心分离食品残渣样品和模拟结肠液。每个样品设置 3 个平行样。

3. 样品前处理

食品残渣样品冷冻干燥后称重，记录质量 M。所有残渣样品加入玻璃试管中，并加入 5mL 正己烷，超声萃取 30min 后转移有机相。重复使用 5mL 正己烷萃取 2 次，合并 3 次的萃取液，氮吹至约 5mL。加入 3mL 浓硫酸涡旋后，转移上清液，氮吹至约 1mL。采用硅胶柱（10cm 硅胶＋2cm 无水硫酸钠）净化分离，40mL 二氯甲烷洗脱德克隆。洗脱液用旋转蒸发仪浓缩至 0.5mL，转移至棕色样品瓶待仪器分析。

分别取模拟小肠液和模拟结肠液各 10mL 加入 50mL 特氟龙管，向模拟消化液加入 10mL 正己烷，涡旋 1min 后转移有机相，重复萃取 3 次后合并萃取液，氮吹至约 5mL。加入 3mL 浓硫酸涡旋后，转移上清液，氮吹至约 1mL。采用硅胶柱（10cm 硅胶＋2cm 无水硫酸钠）净化分离，40mL 二氯甲烷洗脱德克隆。洗脱液用旋转蒸发仪浓缩至 0.5mL，转移至棕色样品瓶待仪器分析。

4. 仪器分析

使用 GC-MS 进行德克隆类污染物的定量，色谱柱为 DB-5MS（30m×0.25mm×0.25μm），载气 He 的压力为 10psi，升温程序为：从 80℃开始以 12℃/min 升至 200℃，再以 1℃/min 升至 220℃，最后以 15℃/min 升至 290℃，保留 5min。进样口和离子源的温度分别为 280℃和 200℃。进样模式为不分流，进样量为 1μL。离子源为负化学电离源。目标化合物的定性/定量离子质荷比 m/z 为：灭蚁灵-404/439，anti-DP-652/654，syn-DP-652/654，Dec602-612/614，Dec603-636/638，Dec604-505/541。

德克隆等环境痕量污染物在环境介质中浓度很低，仪器响应受样品基质干扰严重。为了尽可能消除人为实验和仪器操作、样品基质带来的定量误差，德克隆的分析一般使用内标法，标准曲线中包括目标化合物、回收率指示物、内标化合物。在本实验中采用 ^{13}C-anti-DP 作为回收率指示物，验证在样品前处理和仪器分析过程中内标化合物的回收率。采用 ^{13}C-syn-DP 作为内标化合物，基于目标化合物的仪器响应值定量样品中目标化合物的含量。标准曲线中对目标化合物和回收率指示物设置不同的浓度梯度，内标化合物的浓度保持不变，标准曲线的浓度梯度不少于 7 个点。本实验可参考表 7-8～表 7-10 中的标准曲线浓度与配制体积等信息。

表 7-8 德克隆类污染物标准曲线的浓度　　　　　单位：μg/mL

项目	储备液 1	储备液 2	浓度 1	浓度 2	浓度 3	浓度 4	浓度 5	浓度 6	浓度 7
anti-DP	20	2.00	0.01	0.02	0.05	0.10	0.20	0.50	1.00
syn-DP	20	2.00	0.01	0.02	0.05	0.10	0.20	0.50	1.00
Mirex	20	2.00	0.01	0.02	0.05	0.10	0.20	0.50	1.00
Dec602	20	2.00	0.01	0.02	0.05	0.10	0.20	0.50	1.00
Dec603	20	2.00	0.01	0.02	0.05	0.10	0.20	0.50	1.00
Dec604	20	2.00	0.01	0.02	0.05	0.10	0.20	0,50	1,00
^{13}C-anti-DP	20	2.00	0.01	0.02	0.05	0.10	0.20	0.50	1.00
^{13}C-syn-DP	10		0.20	0.20	0.20	0.20	0.20	0.20	0.20

表 7-9　德克隆类污染物标准曲线的标准品配制体积（1）　　　　单位：μL

项目	浓度 5	浓度 6	浓度 7
总体积	1000	1000	1000
正己烷	910	805	630
anti-DP	10	25	50
syn-DP	10	25	50
Mirex	10	25	50
Dec602	10	25	50
Dec603	10	25	50
Dec604	10	25	50
^{13}C-anti-DP	10	25	50
^{13}C-syn-DP	20	20	20

注：储备液 1 和有机溶剂加标体积。

表 7-10　德克隆类污染物标准曲线的标准品配制体积（2）　　　　单位：μL

项目	浓度 1	浓度 2	浓度 3	浓度 4
总体积	1000	1000	1000	1000
正己烷	945	910	805	630
anti-DP	5	10	25	50
syn-DP	5	10	25	50
Mirex	5	10	25	50
Dec602	5	10	25	50
Dec603	5	10	25	50
Dec604	5	10	25	50
^{13}C-anti-DP	5	10	25	50
^{13}C-syn-DP	20	20	20	20

注：储备液 2 和有机溶剂加标体积。

六、实验数据记录和计算

食品中德克隆类污染物的生物可获得性为：

$$B = \frac{C_1 V_1 + C_2 V_2}{C_1 V_1 + C_2 V_2 + C_3 M} \times 100 \tag{7-8}$$

式中　B——食品中德克隆的生物可获得性；

C_1——小肠液样品中污染物含量，ng/mL；

C_2——结肠液样品中污染物含量，ng/mL；

C_3——食品残渣样品中污染物含量，ng/g；

V_1——小肠液样品的体积，mL；

V_2——结肠液样品的体积，mL；

M——食品残渣样品的质量，g。

本实验中 V_1 和 V_2 为小肠液和结肠液的体积 100mL。

人体通过食品暴露德克隆量按下式计算：

$$E = CB\% \frac{F}{BW}$$
(7-9)

式中　E——食品中污染物的人体外暴露量，μg/(kg·d)；

C——食品中污染物含量，μg/g；

F——食品摄入量，g/d；

BW——人体体重，kg。

食品摄入量 F 需查阅 EPA 手册或当地人群膳食组成资料。BW 为成人体重 70kg，儿童体重 14kg。

七、注意事项

1. 本实验的体外模拟方法仅能得到污染物的生物可获得性，无法得到污染物的生物可利用性。在污染物的肠道吸收过程中，污染物首先经门静脉进入肝脏，再进入全身血液循环。肝脏对污染物的代谢清除会降低污染物进入血液的比例。

2. 本实验为保证消化液和食品残渣中的目标化合物检出率，采用目标化合物加标的食品开展实验，食品成分与目标化合物的结合程度低于真实情况，因此该实验可能会高估真实状态下食品中污染物的生物可获得性。

八、思考题

1. 食品中的脂肪、蛋白质、纤维素成分对污染物的生物可获得性有何影响？

2. 如何进一步优化 PBET 方法，模拟肠道吸收过程、肠道微生物代谢过程等对环境污染物生物可利用性的影响？

◆ 参考文献 ◆

［1］艾克热木·克热木.空气环境中总悬浮颗粒物监测的质量保证［J］.四川水泥，2020（06）：60＋347.

［2］安月霞.多类持久性有机污染物同时分析方法及应用［D］.石家庄：河北师范大学，2017.

［3］白福泰.化学实验室的安全规则与常识 第五讲 化学实验室内的事故处理(上)［J］.教学仪器与实验，2002（09）：29-31.

［4］白福泰.化学实验室的安全规则与常识 第五讲 化学实验室内的事故处理(中)［J］.教学仪器与实验，2002（10）：32-33.

［5］白福泰.化学实验室的安全规则与常识 第五讲 化学实验室内的事故处理(下)［J］.教学仪器与实验，2002（11）：25-26.

［6］白利涛.气质联用测定环境中有机污染物样品预处理方法的研究［D］.苏州：苏州科技大学，2012.

［7］蔡德玲，张淑芬，张经.稳定碳、氮同位素在生态系统研究中的应用［J］.青岛海洋大学学报，2002（02）：287-295.

［8］蔡鹏.浅析水样采集在环境监测工作中的重要性［J］.科技创新导报，2018，15（11）：107＋109.

［9］陈红萍，刘永新，梁英华.正辛醇/水分配系数的测定及估算方法［J］.安全与环境学报，2004（S1）：82-86.

［10］陈莉薇，陈海英，武君，等.利用 Tessier 五步法和改进 BCR 法分析铜尾矿中 Cu、Pb、Zn 赋存形态的对比研究［J］.安全与环境学报，2020，20（02）：735-740.

［11］陈蕾，高山雪，徐一卢.塑料添加剂向生态环境中的释放与迁移研究进展［J］.生态学报，2021，41（08）：3315-3324.

［12］陈梦瑶.手性化合物的比旋光度预测及绝对构型自动识别［D］.郑州：河南大学，2020.

［13］陈铭祥，何树华，郑明彬，等.医药院校化学实验室安全事故预防与处理管理研究［J］.广州华工，2021，49（07）：174-176.

［14］陈滢谕，李傲雪，曾勇，等.白洋淀表层沉积物多环芳烃风险的空间分布［J］.生态学杂志，2022.

［15］陈岳龙，杨忠芳.环境地球化学［M］.北京：地质出版社，2017.

［16］陈正，王彬彬.重金属检测技术在环境水质分析中的应用［J］.科技创新与应用，2016（05）：156.

［17］常子栋，李红亮，杨佳，等.固相微萃取技术在环境污染物检测领域的应用［J］.资源节约与环保，2019（02）：64-65.

［18］程昌泽，欧林.气相色谱法同时测定饮用水中有机氯农药、氯苯类和硝基苯类化合物［J］.绿色科技，2015（09）：235-237.

［19］杜杰，刘春梅，林春兰，等.气相色谱法测定食用油中的植物甾醇［J］.中国油脂，2021，46（09）：145-148.

［20］段东郁.高效液相色谱-质谱技术在食品安全检测中的应用［J］.食品安全导刊，2021（28）：143-144.

［21］方丽.浅析水质分析过程中水样采集及保存方法［J］.云南化工，2021，48（11）：168-169.

［22］甘晓娟，熊鹏，胡晓玲，等.紫外分光光度法对水源水中石油类的不确定度评定［J］.城镇供水，2022（01）：52-55.

［23］郭建垣.大学化学实验室安全管理策略研究［J］.化工管理，2022（18）：88-90.

［24］郭玉华.气相色谱-质谱联用技术在环境检测中的应用［J］.资源节约与环保，2021（09）：44-45.

166

［25］耿金瑶，王莹莹．六溴环十二烷异构体的毒理效应及其在生物体内的代谢转化过程研究进展［J］．环境化学，2017，36（12）：2558-2566.

［26］辜汉华，赵若尘．污染场地土壤调查布点及采样研究［J］．低碳世界，2020，10（04）：9+11.

［27］杭乐，徐周毅，杭纬，等．中国原子光谱技术及应用发展近况［J］．光谱学与光谱分析，2019，39（05）：1329-1339.

［28］何欢，殷婷，黄斌，等．微波消解法提取定量复杂土壤介质中微塑料的方法［J］．土木与环境工程学报（中英文），2022.

［29］洪陵成，王林芹，张红艳，等．用于环境水质分析的重金属检测技术［J］．分析仪器，2011（01）：11-14.

［30］胡章记，于玲，董丽丽．空气中氮氧化物、二氧化硫的含量测定及大气污染成因分析［J］．煤炭与化工，2016，39（05）：34-38.

［31］黄慧琴．高校环境工程实验室的安全管理［J］．云南化工，2022，49（02）：115-117.

［32］黄银波，花露，陈君，等．气相色谱法测定植物甾醇中 β-谷甾醇、菜油甾醇、豆甾醇、菜籽甾醇的含量［J］．现代食品，2021（14）：179-182.

［33］黄永庆，杨运云，牟德海，等．大流量PUF采样-气相色谱质谱联用测定广州市大气中多环芳烃［J］．分析测试学报，2007（01）：90-92＋96.

［34］回瑞华，侯冬岩，李铁纯．气相色谱-质谱仪及其应用［J］．鞍山师范学院学报，2001（03）：41-44.

［35］江桂斌，宋茂勇．典型污染物的环境暴露与健康效应［M］．北京：科学出版社，2020.

［36］姜艳慧．固相萃取与色谱技术联用测定食品和水中药物残留研究［D］．聊城：聊城大学，2021.

［37］金晗辉，李清平，陈丽华，等．室内悬浮颗粒物分布及输运特性的实验研究［J］．浙江大学学报（工学版），2010，44（09）：1793-1797.

［38］靳松望，李晓霜．环境监测中大气采样技术研究［J］．中小企业管理与科技，2021（03）：162-163.

［39］康文婧，彭润英，蒋端生，等．有机质四种检测方法的比较及影响因素研究［J］．湖南农业科学，2010（13）：81-83＋86.

［40］李国亮．氮氧化物对环境的危害及污染控制技术［J］．山西化工，2019，39（05）：123-124＋135.

［41］李红燕．稳定碳、氮同位素在生态系统中的应用研究——以无定河、黄东海生态系统为例［D］．青岛：中国海洋大学，2004.

［42］李辉．食品中金属离子的微波消解-高效毛细管电泳法测定［J］．分析测试学报，2002（02）：94-96.

［43］李晶莹，邓晓燕，暴勇超．基于专业认证的环境工程专业实验室安全培训体系的构建［J］．广东化工，2021，48（05）：273-274.

［44］李莉杰．玻璃器皿的洗涤和干燥［J］．实验教学与仪器，2001（Z1）：45.

［45］李亮，石艳菊，郝峰．气相色谱-质谱仪测定有机氯农药和硝基苯类化合物线性的影响因素研究［J］．环境与发展，2017，29（09）：123-126.

［46］李茂伟．大气采样方式与采样仪［J］．资源节约与环保，2015（03）：198.

［47］李璞．食品添加剂的作用及安全性控制探讨［J］．中国食品工业，2022（10）：118-120.

［48］李莎，王文奇，范梦婕，等．环境持久性有机污染物治理技术进展［J］．现代化工，2022，42（06）：43-47.

［49］刘磊，孙冰清，张婷，等．物理化学中饱和蒸气压的新诠释［J］．山东化工，2020，49（13）：138-140.

［50］刘小红，司友斌，郭子薇，等．城市景观水体甲基汞的形成机制及微宇宙模拟研究［J］．环境科学，2016，37（04）：1330-1336.

［51］刘莹，孙德兴，叶欢，等．正辛醇-水分配系数的测定和估算方法［J］．化学工程与装备，2016（09）：277-279.

［52］柳颖萍，朱辉．气相色谱法测定水和废水中的10种有机氯农药［J］．环境与发展，2020，32（07）：103-104.

［53］陆玮．空气中氮氧化物、二氧化硫的含量测定及大气污染成因解析［J］．绿色环保建材，2019（05）：29-30.

［54］罗孝俊，麦碧娴．新型持久性有机污染物的生物富集［M］．北京：科学出版社，2017.

［55］罗悠，邓飞跃，孟时贤．湿法消解-电感耦合等离子体原子发射光谱（ICP-AES）法测定鱼饲料中19种微量元素［J］．中国无机分析化学，2017，7（02）：72-77.

［56］吕明泉．实验室化学危险品的安全知识与管理［J］．实验技术与管理，2005（05）：116-118.

［57］马传杰．环境水质分析中的重金属检测技术研究［J］．中国资源综合利用，2018，36（04）：139-140.

［58］马丽巍，马丽欣，马永才．玻璃器皿洗涤方法及节水型经济的研究［J］．广东化工，2017，44（07）：101-102.

［59］马小杰．土壤中多环芳烃分析方法研究进展［J］．中国新技术新产品，2016（09）：122-123.

［60］孟其义，钱晓莉，陈淼，等．稻田生态系统汞的生物地球化学研究进展［J］．生态学杂志，2018，37（05）：1556-1573.

［61］牟军，马艳，袁媛．盐酸萘乙二胺法测定大气中氮氧化物影响因素分析［J］．低碳世界，2017（07）：18-19.

［62］娜孜拉·扎曼别克，沙拉·托合塔尔汗．重金属检测技术在环境水质分析中的应用［J］．资源节约与环保，2018，45（07）．

［63］钮珊．典型地区氯化石蜡和多环芳烃的污染水平及健康风险研究［D］．北京：北京化工大学，2020.

［64］区红，张燕子，吴庆晖，等．冷原子吸收光谱法结合热解-原子吸收光谱法快速测定废水样中痕量无机汞和总有机汞［J］．分析测试学报，2004（04）：68-70＋74.

［65］欧阳秀琴，王波，沈建林，等．亚热带稻区大气NO_2、HNO_3及硝态氮污染特征及干湿沉降［J］．环境科学，2019，40（06）：2607-2614.

［66］乔磊，高志燕，何晓燕．高校化学实验室安全管理和精细化初步探索［J］．科教文汇，2022（11）：82-86.

［67］乔瑶瑶，张昕玮，付有功．原子光谱法测定生活饮用水中的微量元素［J］．现代食品，2022，28（01）：142-144＋150.

［68］秦坤，付红，孟宪峰，等．高校实验室危险化学品的安全管理［J］．中国现代教育装备，2016（01）：24-26.

［69］曲祖斌．冶炼厂周边土壤中重金属形态的化学分析方法［J］．化工管理，2022（11）：55-57.

［70］盛开，张倩，李岚涛，等．高校实验室安全与防护［J］．教育教学论坛，2020（11）：389-390.

［71］孙雷，刘琪，王树槐．液相色谱-串联质谱技术进展及在兽药行业上的应用［J］．中国兽医杂志，2007（09）：34-37.

［72］孙小平，张士光．离子色谱技术在环境监测中的应用［J］．科学技术创新，2021（27）：87-88.

［73］孙秀敏，雷敏，李璐．微波消解-ICP-MS法同时测定土壤中8种重（类）金属元素［J］．分析实验室，2014，33（10）：1177-1180.

［74］谭天佑，梁凤珍．粉尘真密度与测量［J］．劳动保护，1988（03）：43.

［75］宛倩，王杰，王向涛，等．青藏高原不同草地利用方式对土壤粒径分形特征的影响［J］．生态学报，2022，42（05）：1716-1726.

［76］王东丽，刘阳，郭莹莹，等．半干旱矿区排土场苜蓿恢复过程中土壤颗粒分形的演变特征［J］．生态学报，2020，40（13）：4583-4593.

［77］王国莉，陈孟君，范红英，等．四种土壤重金属形态分析方法的对比研究［J］．浙江农业学报，2015，27（11）：1977-1983.

［78］王海波，刘金凤，王会．沉积物中有机质检测方法差异研究［J］．长江技术经济，2022，6（01）：56-59.

［79］王蕾．重金属检测技术在环境水质分析中的应用探讨［J］．皮革制作与环保科技，2022，3（05）：9-11.

［80］王梦梦，原梦云，苏德纯．我国大气重金属干湿沉降特征及时空变化规律［J］．中国环境科学，2017，37（11）：4085-4096.

［81］王敏，鲁魏，薛娜娜，等．玻璃器皿的洗涤［J］．广东化工，2013，40（20）：108-109.

［82］王敏，张晖，曾慧娴，等．水体富营养化成因·现状及修复技术研究进展［J］．安徽农业科学，2022，50（06）：1-6＋11.

［83］王谦，王宪勇，王恩群．浅析环境监测实验分析质量控制与保证［J］．科技信息（学术研究），2007（13）：250.

［84］王卫华，龙小军．土壤粒径分布单重分形与孔隙单重分形［J］．中国土壤与肥料，2018（04）：55-59.

［85］魏婧，王乃亮，陶伟．浅议国外POPs和其他有毒有害化学品管理制度［J］．甘肃科技，2019，35（19）：110-112＋126.

［86］奚旦立．环境监测［M］．第五版．北京：高等教育出版社，2019.

［87］邢跃雯．固相微萃取技术在环境检测中的应用趋势［J］．山东化工，2021，50（14）：96.

［88］徐少华．水样的采集与保存的技术方法探析［J］．科技传播，2010（18）：61-62.

［89］许稳．中国大气活性氮干湿沉降与大气污染减排效应研究［D］．中国农业大学，2016.

［90］徐云昀．水中低浓度有机重金属的深度去除及其界面化学机制研究［D］．华南理工大学，2021.

［91］杨华．挥发性有机化合物及其分析方法的研究现状［J］．化学推进剂与高分子材料，2022，20（01）：43-47.

［92］杨磊，贾冬华，张维，等．气相色谱-质谱法测定大气颗粒物中多环芳烃化合物的方法改进［J］．中国卫生检验杂志，2019，29（13）：1553-1556.

［93］扬新华，刘秀芳，曲爱丽，等．应用冷原子荧光测汞仪测量总汞准确度的探讨［J］．中国环境监测，1994（05）.

［94］易文利，王圣瑞，杨苏文，等．长江中下游浅水湖泊沉积物腐殖质组分赋存特征［J］．湖泊科学，2011，23（01）：21-28.

［95］张长流．固相微萃取技术在环境监测分析中的应用［J］．资源节约与环保，2021（02）：46-47.

［96］张国瑞，赵士杰．分形理论在农田土壤风蚀研究中的应用现状及其展望［J］．农村牧区机械化，2007（02）：23-25.

［97］章磊．太湖草、藻型湖泊沉积物磷的赋存形态特征、埋藏规律及内源负荷风险比较研究［D］．淮南：安徽理工大学，2016.

［98］张强．几种重金属检测技术在环境水质分析中的应用探讨［J］．资源节约与保护，2016（09）：159.

［99］张晓婷．微塑料在表层土壤中的迁移及其影响因素研究［D］．上海：华东师范大学，2021.

［100］张馨予，陈芳芳．气质联用技术的应用［J］．现代农业科技，2011（10）：13-14＋16.

［101］张子金．南京北郊挥发性有机化合物的污染特征和健康风险评估［D］．南京：南京信息工程大学，2022.

［102］张仲敏，杨思伟．基于环境监测中大气采样技术分析［J］．科技创新导报，2020，17（06）：98-99.

［103］赵烨．环境地学［M］．第2版．北京：高等教育出版社，2015.

［104］郑国航，邢明飞，郝智能，等．固相萃取法分离富集环境水体中溶解性有机质的研究进展［J］．环境化学，2021，40（08）：2288-2298.

［105］郑美林，赵颖豪，苗莉莉，等．多环芳烃污染土壤生物修复研究进展［J］．生物工程学报，2017，37（10）：3535-3548.

［106］郑珂，赵天良，张磊，等．2001～2017年中国3个典型城市硫酸盐和硝酸盐湿沉降特征［J］．生态环境学报，2019，28（12）：2390-2397.

［107］周锡江，宋学兰．盐酸萘乙二胺分光光度法测定硝酸生产尾气中氮氧化物的误差分析与校正［J］．大氮肥，2017，40（02）：137-144.

［108］周男义，谷学新，范国强，等．微波消解技术及其在分析化学中的应用［J］．冶金分析，2004（02）：30-36.

［109］诸葛祥群．材料化学实验室人员安全管理教育研究［J］．当代化工研究，2022（04）：120-122.

［110］朱俊彦，李良忠，朱晓辉，等．固相微萃取技术在环境监测分析中的应用进展［J］．中国环境监测，2019，35（03）：8-18.

[111] 朱广伟，陈英旭. 沉积物中有机质的环境行为研究进展 [J]. 湖泊科学，2001（03）: 272-279.

[112] 朱云钢，陈心妍，马慧诚，等. 珠三角地区养殖及野生淡水鱼类的甲基汞积累现状 [J]. 水产学报，2021.

[113] 邹燕娣，包李林，熊巍林，等. 植物油中甾醇含量快速测定方法 [J]. 中国粮油学报，2018，33（05）: 102-105.

[114] 左云燕. 重金属检测技术在环境水质分析中的应用探讨 [J]. 节能，2019，38（06）: 111.

[115] Auta H S, Emenike C U, Fauziah S H. Distribution and importance of microplastics in the marine environment: a review of the sources, fate, effects, and potential solutions [J]. Environment International, 2017(102): 165-176.

[116] Bidleman T F, Jantunen L M, Kurt-Karakus P B, et al. Chiral persistent organic pollutants as tracers of atmospheric sources and fate: review and prospects for investigating climate change influences [J]. Atmospheric Pollution Research, 2012, 3(4): 371-382.

[117] Catania V, Cascio Diliberto C, Cigna V, et al. Microbes and persistent organic pollutants in the marine environment [J]. Water, Air, & Soil Pollution, 2020, 231(7).

[118] Chen S J, Tian M, Zheng J, et al. Elevated levels of polychlorinated biphenyls in plants, air, and soils at an e-waste site in southern China and enantioselective biotransformation of chiral PCBs in plants [J]. Environmental Science & Technology, 2014, 48(7): 3847-3855.

[119] Chen T, Xue L, Zheng P, et al. Volatile organic compounds and ozone air pollution in an oil production region in northern China [J]. Atmospheric Chemistry and Physics, 2020, 20(11): 7069-7086.

[120] Claessens M, Van Cauwenberghe L, Vandegehuchte M B, et al. New techniques for the detection of microplastics in sediments and field collected organisms [J]. Marine Pollution Bulletin, 2013, 70(1-2): 227-233.

[121] Du H, Xie Y, Wang J. Microplastic degradation methods and corresponding degradation mechanism: research status and future perspectives [J]. Journal of Hazardous Materials, 2021(418): 126377.

[122] Duruibe J O, Ogwuegbu M O C, Egwurugwu J N. Heavy metal pollution and human biotoxic effects [J]. International Journal of Physical Sciences, 2007, 2(5): 112-118.

[123] Eljarrat E, Guerra P, Barceló D. Enantiomeric determination of chiral persistent organic pollutants and their metabolites [J]. TrAC Trends in Analytical Chemistry, 2008, 27(10): 847-861.

[124] Fuller S, Gautam A. A procedure for measuring microplastics using pressurized fluid extraction [J]. Environmental Science & Technology, 2016, 50(11): 5774-5780.

[125] Grung M, Lin Y, Zhang H, et al. Pesticide levels and environmental risk in aquatic environments in China. a review [J]. Environment International, 2015(81): 87-97.

[126] Hahladakis J N, Velis C A, Weber R, et al. An overview of chemical additives present in plastics: migration, release, fate and environmental impact during their use, disposal and recycling [J]. Journal of Hazardous Materials, 2018(344): 179-199.

[127] Harner T, Bidleman T F. Octanol-air partition coefficient for describing particle/gas partitioning of aromatic compounds in urban air [J]. Environmental Science & Technology, 1998, 32 (10): 1494-1502.

[128] He D, Luo Y, Lu S, et al. Microplastics in soils: analytical methods, pollution characteristics and ecological risks [J]. TrAC Trends in Analytical Chemistry, 2018(109): 163-172.

[129] Horton A A, Newbold L K, Palacio-Cortes A M. Accumulation of polybrominated diphenyl ethers and microbiome response in the great pond snail Lymnaea stagnalis with exposure to nylon (polyamide) microplastics [J]. Ecotoxicology and Environmental Safety, 2020(188): 109822.

[130] Karri V, Schuhmacher M, Kumar V. Heavy metals (Pb, Cd, As and MeHg) as risk factors for cognitive dysfunction: a general review of metal mixture mechanism in brain [J]. Environmental Toxicology and Pharma-

cology,2016(48): 203-213.

[131] Lai W. Pesticide Use and Health Outcomes: Evidence from agricultural water pollution in China. SSRN Electronic Journal,2016.

[132] Lenz R,Enders K,Stedmon C A,et al. A critical assessment of visual identification of marine microplastic using Raman spectroscopy for analysis improvement [J]. Marine Pollution Bulletin,2015,100(1): 82-91.

[133] Li H,Mo L,Yu Z,et al. Levels,isomer profiles and chiral signatures of particle-bound hexabromocyclododecanes in ambient air around Shanghai,China [J]. Environmental Pollution,2012(165): 140-146.

[134] Li J,Zhang G,Qi S,et al. Concentrations,enantiomeric compositions,and sources of HCH,DDT and chlordane in soils from the Pearl River Delta,South China [J]. Science of The Total Environment,2006,372(1): 215-224.

[135] Lu Q,Qiu L,Yu L,et al. Microbial transformation of chiral organohalides: distribution, microorganisms and mechanisms [J]. Journal of Hazardous Materials,2019(368): 849-861.

[136] Manzoor S,Naqash N,Rashid G,et al. Plastic material degradation and formation of microplastic in the environment: a review [J]. Materials Today: Proceedings,2022(56): 3254-3260.

[137] Miller M M,Wasik S P,Huang G L,et al. Relationships between octanol-water partition coefficient and aqueous solubility [J]. Environmental Science & Technology,1985,19(6),522-529.

[138] Mohammed A S,Kapri A,Goel R. Heavy metal pollution: source,impact,and remedies [J]. biomanagement of metal-contaminated soils,2011: 1-28.

[139] Montero-Montoya R,López-Vargas R,Arellano-Aguilar O. Volatile Organic Compounds in Air: Sources,Distribution,Exposure and Associated Illnesses in Children [J]. Annals of Global Health. 2018,84(2): 225-238.

[140] Othman A R,Hasan H A,Muhamad M H,et al. Microbial degradation of microplastics by enzymatic processes: a review [J]. Environmental Chemistry Letters,2021,19(4): 3057-3073.

[141] Pan Y P,Wang Y S. Atmospheric wet and dry deposition of trace elements at 10 sites in Northern China [J]. Atmospheric Chemistry and Physics,2015,15(2): 951-972.

[142] Rillig M C. Microplastic in terrestrial ecosystems and the soil [J]? Environmental Science & Technology,2012,46(12): 6453-6454.

[143] Rocha-Santos T,Duarte A C. A critical overview of the analytical approaches to the occurrence,the fate and the behavior of microplastics in the environment [J]. TrAC Trends in Analytical Chemistry,2015(65): 47-53.

[144] Seth R,Mackay D,Muncke J. Estimating the Organic Carbon Partition Coefficient and Its Variability for Hydrophobic Chemicals [J]. Environmental Science & Technology,1999,33(14): 2390-2394.

[145] Tao S,Liu W,Li Y,et al. Organochlorine Pesticides Contaminated Surface Soil As Reemission Source in the Haihe Plain,China [J]. Environmental Science & Technology,2008,42(22): 8395-8400.

[146] Van Cauwenberghe L,Devriese L,Galgani F,et al. Microplastics in sediments: a review of techniques,occurrence and effects [J]. Marine Environmental Research,2015(111): 5-17.

[147] Vanden Bilcke C. The Stockholm Convention on Persistent Organic Pollutants [J]. Review of European Community and International Environmental Law,2002,11(3): 328-342.

[148] Wagner S,Schlummer M. Legacy additives in a circular economy of plastics: Current dilemma,policy analysis, and emerging countermeasures [J]. Resources,Conservation and Recycling,2020, 158 (104800) 1-12.

[149] Wright S L,Thompson R C,Galloway T S. The physical impacts of microplastics on marine organisms: a review [J]. Environmental Pollution. 2013(178): 483-492.

[150] Xu C,Zhang B,Gu C,et al. Are we underestimating the sources of microplastic pollution in terrestrial environment [J]? Journal of Hazardous Materials,2020, 400 (123228) 1-12.

[151] Xu W,Wang X,Cai Z. Analytical chemistry of the persistent organic pollutants identified in the Stockholm Convention: A review [J]. Analytica Chimica Acta,2013(790): 1-13.

[152] Zhan F,Yu X,Zhang X,et al. Tissue distribution of organic contaminants in stranded pregnant sperm whale (Physeter microcephalus) from the Huizhou coast of the South China Sea [J]. Marine Pollution Bulletin,2019 (144): 181-188.

[153] Zhang K,Hamidian A H,Tubić A,et al. Understanding plastic degradation and microplastic formation in the environment: a review [J]. Environmental Pollution,2021(274): 116554.

[154] Zhang S,Yang X,Gertsen H,et al. A simple method for the extraction and identification of light density microplastics from soil [J]. Science of The Total Environment,2018(616-617): 1056-1065.

[155] Zhang W,Jiang F,Ou J. Global pesticide consumption and pollution: with China as a focus [J]. Proceedings of the International Academy of Ecology and Environmental Sciences,2011,1(2): 125-144.